WISSENSCHAFTLICHE FORSCHUNGSBERICHTE

Reihe I: Grundlagenforschung und grundlegende Methodik

Abteilung C: Psychologie

WISSENSCHAFTLICHE FORSCHUNGSBERICHTE
REIHE I: GRUNDLAGENFORSCHUNG UND GRUNDLEGENDE METHODIK

ABTEILUNG C: PSYCHOLOGIE

BEGRÜNDET VON RAPHAEL EDUARD LIESEGANG
FORTGEFÜHRT VON ROLF JÄGER

HERAUSGEGEBEN VON

DR. W. BRÜGEL
LUDWIGSHAFEN

PROF. DR. S. ERTEL
GÖTTINGEN

PROF. DR. A. W. HOLLDORF
BOCHUM

BAND 81

THEORIE UND PLANUNG PSYCHOLOGISCHER EXPERIMENTE

DR. DIETRICH STEINKOPFF VERLAG
DARMSTADT 1980

THEORIE UND PLANUNG PSYCHOLOGISCHER EXPERIMENTE

Von

PROF. DR. J. BREDENKAMP

Institut für Psychologie der
Georg-August-Universität Göttingen

Mit 18 Tabellen

DR. DIETRICH STEINKOPFF VERLAG
DARMSTADT 1980

Softcover reprint of the hardcover 1st edition1980

CIP-Kurztitelaufnahme der Deutschen Bibliothek

Bredenkamp, Jürgen:
Theorie und Planung psychologischer Experimente : mit 18 Tab. / von J. Bredenkamp. – Darmstadt : Steinkopff, 1980.
(Wissenschaftliche Forschungsberichte : Reihe 1, Grundlagenforschung u. grundlegende Methodik; Bd. 81 : Abt. C, Psychologie)

ISBN-13: 978-3-7985-0575-9 e-ISBN-13: 978-3-642-85315-9

DOI: 10.1007/978-3-642-85315-9

Herstellung: Druckerei Anthes, Darmstadt

Zweck und Ziel der Sammlung

Als *Raphael Eduard Liesegang* am 13. November 1947 starb, lagen 57 Bände der Sammlung vor, die er 1921 gegründet und mehr als ein Vierteljahrhundert lang herausgegeben hatte. *Rolf Jäger,* sein Nachfolger in der Leitung des Frankfurter Instituts für Kolloidforschung und in der Herausgabe dieser Sammlung, betreute insgesamt 15 weitere Bände, z. T. zusammen mit *Werner Brügel.*

Brücken zu schlagen zwischen den einzelnen Teildisziplinen von Natur- und Humanwissenschaften, war und ist das Ziel der „Wissenschaftlichen Forschungsberichte". Diese Aufgabe ist im Zeitalter zunehmender wissenschaftlicher und technischer Spezialisierung notwendiger denn je zuvor. Erfaßten die ersten Bände der Sammlung nach dem Ersten Weltkrieg in Form kritischer Sammelreferate die Literatur einzelner Teilbereiche, so folgten später vorwiegend monographische Darstellungen junger, inzwischen selbständiger gewordener Zweige der Wissenschaft und neuer Methoden, die auf vielen Teilgebieten der Forschung allgemeine Bedeutung erlangt hatten. In jüngster Zeit stand die Darstellung physikalischer Methoden und biologischer Probleme im Vordergrund. Diese Entwicklung ließ es geraten erscheinen, ab 1972 die Sammlung in zwei einander ergänzende Reihen unterzugliedern. *Reihe I* umfaßt wie bisher Beiträge zur *Grundlagenforschung und grundlegenden Methodik* (Abteilung A: Chemie und Physik, Abteilung B: Biologie und Medizin, Abteilung C: Psychologie), die neue *Reihe II* soll Beiträgen zur *Anwendungstechnik und angewandter Wissenschaft* vorbehalten sein. Mit dieser Untergliederung wurde zugleich die Möglichkeit geschaffen, zu einem späteren Zeitpunkt je nach Bedarf noch weitere Untergliederungen vorzunehmen, sei es im Blick auf bisher nicht oder kaum berücksichtigte Randgebiete von Naturwissenschaften und Medizin, sei es im Blick auf deren mögliche Anwendungsgebiete. Insofern soll am Grundkonzept *Liesegangs* auch künftig festgehalten werden, als die „Wissenschaftlichen Forschungsberichte" heute wie bei ihrer Gründung ein möglichst umfassendes Forum für den wissenschaftlich-technischen Gedankenaustausch sein sollen.

Herausgeber und Verlag

Vorwort

Der Titel des vorliegenden Büchleins wird vermutlich kaum geeignet sein, viele Personen zum Lesen anzureizen. Es gibt inzwischen eine beträchtliche Zahl deutschsprachiger Bücher, die dem psychologischen Experiment gewidmet sind oder sich mit bestimmten Themen der experimentellen Psychologie auseinandersetzen. Warum also ist ein neues Buch über diesen Gegenstandsbereich verfaßt worden, und welche Gründe könnten dafür sprechen, ihm doch ein wenig Zeit zu widmen?

Im Wintersemester 1978/79 hatte ich ein Forschungssemester, das u. a. dafür vorgesehen war, einen Handbuchbeitrag über die Planung und Auswertung psychologischer Experimente abzufassen. Im Verlaufe der Arbeit an dem Artikel wurde mir immer deutlicher, daß ich nicht fähig war, diesen Beitrag zu schreiben, ohne meine Auffassungen zu einer Theorie psychologischer Experimente darzulegen, in die die Prinzipien der Versuchsplanung integriert werden können. Das Ergebnis ist dann die vorliegende Monographie gewesen, die mir als Handbuchbeitrag insofern ungeeignet zu sein schien, als zu viele meiner eigenen Voreingenommenheiten eingeflossen sind. Deshalb habe ich mich auf Empfehlung von Herrn Prof. Dr. *S. Ertel* entschlossen, den als Handbuchbeitrag vorgesehenen Artikel dem Dr. Steinkopff-Verlag zur Publikation anzubieten.

Bei den Voreingenommenheiten handelt es sich vor allem darum, *Poppers* in seiner „Logik der Forschung" dargelegte Methodologie dem psychologischen Experiment zugrunde zu legen und die Prinzipien der psychologischen Versuchsplanung möglichst stringent dieser Methodologie unterzuordnen. Das Ergebnis dieser Überlegungen ist, experimentelle Untersuchungen entgegen den üblichen Gepflogenheiten von vornherein so zu planen, daß psychologische Hypothesen falsifiziert werden können. Um zu zeigen, wie eine derartige Planung vorgenommen werden kann, habe ich vielfach von dem Buch *J. Cohens:* Statistical Power Analysis for the Behavioral Sciences Gebrauch gemacht, dessen umfangreiche Tafeln es ermöglichen, apriori den benötigten Stichprobenumfang für verschiedene Versuchspläne so zu bestimmen, daß die Fehlerwahrscheinlichkeit bei der Entscheidung für die statistische Nullhypothese gering ist. Dieser Gesichtspunkt ist deshalb so wichtig, weil die Nullhypothese häufig der psychologischen Hypothese widerspricht, so daß auf ihr Zutreffen erkannt werden können muß, damit eine psychologische Hypothese, die statistisch überprüft wird, überhaupt falsifizierbar ist. Da in der vorliegenden Monographie varianzanalytische Versuchspläne konsequent als multiple Regressionsprobleme dargestellt wurden, kamen wir mit sechs Tabellen aus Cohens Buch aus.

Um die Prinzipien der Versuchsplanung der Methodologie *Poppers* unterzuordnen, war es weiterhin notwendig, einige Probleme in Angriff zu nehmen, für die es m. W. bisher keine befriedigenden Lösungsvorschläge gibt. So habe ich mich beispielsweise bemüht zu zeigen, wie statistisch über den Typ der Interaktion zwischen verschiedenen unabhängigen Variablen in mehrfaktoriellen Versuchsplänen entschieden und wie der Stichprobenumfang apriori für multivariate Experimente, in denen simultan mehrere abhängige Variablen analysiert werden, bestimmt werden kann. Dabei habe ich ein, wie es scheint weitgehend unbekanntes, Testkriterium verwendet, das im Vergleich zu anderen Kriterien über gute Eigenschaften verfügt und zudem den Vorteil hat, sich gut in den multiplen Regressionsansatz einordnen zu lassen. Die Erwähnung dieser Gesichtspunkte im Vorwort halte ich für wichtig. Es ist nämlich festzustellen, daß zunehmend häufiger experimentierende Psychologen sich ausdrücklich auf den Boden der *Popper*schen Falsifikationstheorie stellen, ohne daß zu erkennen ist, daß damit auch eine zwingend notwendige Veränderung der experimentellen Praxis einher geht. Da für diese intendierte Veränderung noch nicht in allen Bereichen Lösungsvorschläge, die übernommen werden können, existieren, seien die eben genannten Punkte dem Leser einer kritischen Durcharbeit anempfohlen.

Bei der Abfassung des Manuskriptes haben mit viele Personen geholfen, denen ich zu Dank verpflichtet bin. Die Kollegen Prof. Dr. *Achtenhagen*, Prof. Dr. *S. Ertel*, Prof. Dr. *Köhler*, Dr. *W. Wippich* und die Studenten *E. Erdfelder* und *M. Schneider* haben einen ersten Entwurf dieses Manuskripts gelesen und durch Verbesserungsvorschläge bereichert, die ich größtenteils aufgegriffen habe. Den Teilnehmern eines Seminars über experimentelle Psychologie im Wintersemester 1979/80, in dem der Stoff der ersten vier Kapitel dieser Monographie behandelt wurde, schulde ich ebenfalls Dank für zahlreiche Diskussionen, die nochmals zu einer Überarbeitung dieser Kapitel geführt haben. Bei den Korrekturen haben mir Frau *J. Chomé*, Herr *E. Erdfelder*, Herr *T. Paul* und Frau *M. Schneider* geholfen. Schließlich danke ich Frau *W. Fähmel* für die sorgfältige Abschrift des Manuskripts.

Göttingen im Sommer 1980 *Jürgen Bredenkamp*

Inhaltsverzeichnis

I. Definition des Experiments und Abgrenzung gegen andere Methoden

Obwohl das psychologische Experiment vielfältig und nicht immer übereinstimmend definiert worden ist (vgl. *Fietkau* 1973), finden sich bei vielen Autoren zwei Merkmale, die als wesentlich für das Experimentieren angesehen werden: Der Versuchsleiter (Vl) selbst muß die Bedingungen, unter denen bestimmte Verhaltensweisen der Versuchspersonen (Vpn) beobachtet werden sollen, *manipulieren* (variieren), und er muß das experimentelle Geschehen störende Einflüsse *kontrollieren* (vgl. *Zimny* 1961, *Bredenkamp* 1969, *Fromkin* und *Streufert* 1976, *Mahoney* 1978). Manche Autoren spezifizieren die Kontrollanforderungen derart, daß eine Zufallszuweisung der Vpn auf die experimentellen Bedingungen zu erfolgen habe (z.B. *Stanley* 1973). Diese *Randomisierung* als ein Kontrollverfahren ist, wie noch gezeigt werden soll, außerordentlich wichtig, da sie die Durchführung bestimmter verteilungsfreier statistischer Verfahren ermöglicht, deren Einsatz auf die Auswertung experimenteller Untersuchungen beschränkt bleibt (*Edgington* 1969). Ein Experiment ist demnach als Beobachtung von bestimmten Phänomenen in einer Situation zu bezeichnen, in der die Vpn zufällig den vom Versuchsleiter hergestellten Bedingungen zugeteilt worden sind bzw. die Reihenfolge der Bedingungen bei wiederholten Beobachtungen jeder Vp (bei einem N = 1-Experiment: *der* Vp) zufällig gestaltet ist.

Durch die Begriffsbestimmung werden zwei Klassen von Variablen eingeführt:

1. sog. unabhängige Variablen (UV), von denen wenigstens eine durch den Vl manipuliert worden ist. Die Beschränkung auf nur eine unabhängige Variable ist nicht notwendig, sofern die Einflüsse verschiedener Variablen auf die Phänomene, von denen in der Definition die Rede ist, voneinander zu trennen sind;

2. sog. abhängige Variablen (AV), die in der Terminologie der experimentellen Designtechnik den Begriff "Phänomen" ersetzen. Eine Beschränkung auf nur eine abhängige Variable ist ebenfalls nicht notwendig. Bei Experimenten mit nur einer AV soll in Anlehnung an die statistischen Analyseverfahren von univariaten, bei mehr als einer AV von multivariaten Experimenten gesprochen werden.

Die vorgenommenen Begriffsbestimmungen weisen schon darauf hin, welches Ziel durch das Experimentieren intendiert ist. Da eine klare zeitliche Sequenz zwischen der Manipulation der Bedingungen und der Beobachtung der Phänomene hergestellt wird, soll das Experiment die Interpretation einer gerichteten Kovariation zwischen UV und AV ermöglichen; die Kontrolle dient u.a. dem Zweck, den Einfluß anderer Faktoren, die diesen Zusammenhang modifizieren können, auszuschalten. Manche Autoren sprechen in diesem Zusammenhang dem Experiment als der einzigen Methode die Möglichkeit zu, eine Ursache-Wirkung-Relation zu identifizieren (*Aronson* und *Carlsmith* 1968, *Fromkin* und *Streufert* 1976, *Stanley* 1973). Da der Begriff der Verursachung in der wissenschaftstheoretischen Literatur (vgl. *Stegmüller* 1969) jedoch anders als in diesem Zusammenhang gebraucht wird, soll das Ziel des Experimentierens darin gesehen werden, die Variation der abhängigen Variablen als Folge der Veränderung von unabhängigen Variablen eindeutig interpretieren zu können. Die Interpretation einer gerichteten Relation zwischen zwei oder mehreren Variablen ist allerdings nicht nur in Experimenten möglich (s.u.). Festzuhalten ist jedoch, daß im Experiment auf eine ganz bestimmte charakteristische Weise (Manipulation und Randomisierung), die es gegen andere Methoden abhebt, versucht wird, die Relation zwischen verschiedenen Variablen eindeutig interpretierbar zu machen, und daß der Grad an Eindeutigkeit der

Interpretation bei dem Experiment am größten ist (vgl. *Cook* und *Campbell* 1976). Wenn also ein Forscher vor der Alternative steht, experimentell oder mit Hilfe anderer Methoden die Relation zwischen Variablen zu untersuchen, so sollte er dem Experiment den Vorzug geben. *Aronson* und *Carlsmith* (1968, S. 3ff) dokumentieren dies sehr eindringlich an einem Beispiel aus der kognitiven Dissonanzforschung. Allerdings ist oftmals eine solche Alternative nicht gegeben, und besonders *Campbell* (vgl. *Campbell* und *Stanley* 1963, *Cook* und *Campbell* 1976) kommt das Verdienst zu, gezeigt zu haben, in welchem Maße gerichtete Interpretationen auch in quasi-experimentellen Untersuchungen möglich sind (s. u.).

Das Experiment wurde als Methode zur Untersuchung der Relation zwischen Variablen bezeichnet, die gegenüber allen anderen Methoden dadurch ausgezeichnet ist, daß wenigstens eine UV manipuliert wird und die Vpn zufällig den Bedingungen zugeteilt werden (bzw. die Reihenfolge der Bedingungen zufällig ist). Diese Merkmale treffen für das sog. Feldexperiment ebenso zu wie für das Laboratoriumsexperiment (*Bredenkamp* 1969, *Cook* und *Campbell* 1976). Das Feldexperiment unterscheidet sich vom Laboratoriumsexperiment nur dadurch, daß für dieses erst ein künstliches Milieu hergestellt wird, während jenes im natürlichen Milieu abläuft. Die Pygmalion-Studie von *Rosenthal* und *Jacobson* (1968) ist ein Beispiel für feldexperimentelles Vorgehen. Zufällig ausgewählte Schüler wurden den Lehrern gegenüber aufgrund der Ergebnisse eines Intelligenztests als geistige Aufblüher bezeichnet. Damit sollte eine UV mit zwei Modalitäten hergestellt werden: Schüler, von denen die Lehrer ein Aufblühen erwarten, und Schüler, von denen sie dies nicht erwarten. Geprüft werden sollte die Hypothese, daß die Induktion verschiedener Erwartungen bei den Lehrern einen ganz bestimmten Einfluß auf die Intelligenzentwicklung der Schüler hat. Dagegen handelt es sich um ein Laboratoriumsexperiment, wenn zur Prüfung der Hypothese, daß verschiedene Ergebniserwartungen der Vl tatsächlich die experimentellen Resultate beeinflussen, eine künstliche Situation hergestellt wird.

Jede Methode zur Ermittlung der Relation zwischen verschiedenen Variablen, der nicht die Merkmale "Manipulation" und "Randomisierung" zukommen, ist als Korrelationsstudie einzustufen. Zu unterscheiden sind hier wenigstens drei Klassen von Studien:

(1) Korrelationsstudien, bei denen eine klare Sequenz zwischen unabhängigen und abhängigen Variablen gegeben ist. Die Vpn sind jedoch nicht zufällig den Bedingungen zugeteilt worden, sondern haben sich quasi selbst den Bedingungen zugeteilt oder sind aufgrund anderer nicht-zufälliger Umstände den Bedingungen zugeteilt worden. In diese Klasse von Untersuchungen gehören Feldstudien und Quasi-Experimente im Sinne von *Campbell* (*Campbell* und *Stanley* 1963, *Cook* und *Campbell* 1976). Der Unterschied zum Experiment besteht darin, daß die Variation der Bedingungen nicht "gemacht" wird, sondern schon besteht und selegiert wird. Beispiel für diesen Typ von Korrelationsstudie wäre eine Untersuchung, die die Auswirkung eines bestimmten im Fernsehen gesendeten Films über Judenpogrome auf die Einstellung gegenüber Juden prüft. Eine Stichprobe von Fernsehzuschauern, die den Film gesehen haben, wird bzgl. der Einstellung zu Juden mit einer Stichprobe verglichen, die den Film nicht gesehen hat. In dieser Untersuchung ist eine zeitliche Sequenz zwischen "Bedingung" und "Phänomen" gegeben, aber die Untersuchungspersonen haben sich den Bedingungen quasi selbst zugeteilt. Ein Unterschied in den Einstellungen zwischen den Gruppen läßt sich nicht ohne weiteres auf den Film zurückführen. Z. B. könnten die Personen, die den Film gesehen haben, von vornherein positiver eingestellt gewesen sein. *Cook* und *Campbell* (1976) zeigen, wie in einer derartigen quasi-experimentellen Situation Vorsorgen getroffen werden können, um eine von Fehlern möglichst wenig beeinträchtigte

Interpretation des gerichteten Zusammenhangs von Variablen zu ermöglichen. Allerdings läßt sich hierbei niemals die Eindeutigkeit erzielen, die bei der Interpretation experimenteller Resultate möglich ist (*Cook* und *Campbell* 1976).

(2) Korrelationsstudien, bei denen von abhängigen Variablen ausgegangen wird und, meistens theoriengeleitet, nach unabhängigen Variablen gesucht wird, die mit den abhängigen Variablen in Zusammenhang gebracht werden. Bei dieser Forschungsstrategie handelt es sich um die sog. ex-post-facto-Forschung (*Kerlinger* 1964). Auch hier sind gerichtete Interpretationen möglich, wenn eine Theorie vorhanden ist, die spezifiziert, in welcher Richtung die Wirkungen bestehen. Eine solche Theorie kann dann mittels geeigneter statistischer Verfahren überprüft werden, z.B. mittels der Pfadanalyse (vgl. *Opp* und *Schmidt* 1976), deren Einsatz jedoch nicht auf die ex-post-facto-Forschung beschränkt ist. Beispiele für die ex-post-facto-Forschung sind Untersuchungen, die die Abhängigkeit der Leistungsmotivation von der früheren Selbständigkeitserziehung überprüfen (vgl. *Winterbottom* 1958). Zur ex-post-facto-Forschung gehört auch das sog. ex-post-facto-Experiment (*Chapin* 1947). Diese Bezeichnung resultiert aus der Tatsache, daß *experimentelle* Kontrolltechniken wie das Parallelisieren (vgl. Abschnitt V. 3.2) angewendet werden, um die verschiedenen Gruppen von Untersuchungspersonen bzgl. der Variablen, die mit der unabhängigen konfundiert sind, nachträglich zu homogenisieren. Dies ist jedoch ein fehlerhaftes Vorgehen (zur Begründung dieser Aussage vgl. *Cook* und *Campbell* 1976).

(3) Korrelationsstudien, bei denen keine Trennung nach unabhängigen und abhängigen Variablen intendiert ist. Es sollen die Korrelatonen zwischen verschiedenen Variablen ermittelt werden, und meistens werden die Korrelationen faktorenanalytisch nach einer möglichst geringen Zahl gemeinsamer Dimensionen der Variablen abgesucht.

II. Übersicht

Im folgenden soll eine Übersicht über die weiteren Abschnitte gegeben werden. Häufig wird gegen das (Laboratoriums)experiment eingewendet, daß es künstlich sei und die Ergebnisse nicht auf die soziale Wirklichkeit übertragen werden könnten (z.B. *Mc Guire* 1973, *Maschewsky* 1977, *Hultsch* und *Hickey* 1978). Allerdings scheint uns diese Kritik *am Experiment* verfehlt zu sein; sie vermag höchstens die Theorie zu treffen, die die experimentelle Untersuchung geleitet hat. Im nächsten Abschnitt werden wir daher eine deduktivistische Theorie des Experiments darlegen; ohne eine solche Theorie scheint uns eine Einschätzung der am Experiment vorgenommenen Kritik nicht möglich zu sein. "Deduktivistisch" heißt vorerst, daß induktive Verallgemeinerungen der experimentellen Resultate vermieden werden sollen. Beim induktiven Schluß von den Prämissen auf die Konklusion erfolgt eine Erweiterung des Gehalts, d.h. in der Konklusion wird etwas über Sachverhalte ausgesagt, die in der Prämisse nicht auftreten. Derartige Schlüsse haben sich bisher nicht einwandfrei rechtfertigen lassen. Die Bezeichnung "deduktivistisch" stammt von *Popper* (1966).

Im Rahmen einer deduktivistischen Theorie des Experiments läßt sich die Durchführung "künstlicher", kontrollierter Versuche nicht nur rechtfertigen, sondern sie ist sogar geboten (vgl. *Bredenkamp* 1971, *Gadenne* 1976). "Kontrolliert" soll vorerst bedeuten, daß die Wirksamkeit störender Einflüsse, welche die Relation zwischen UV und AV modifizieren können, weitgehend ausgeschaltet ist. Die Frage der praktischen Relevanz von Experimenten, also der Repräsentativität einer experimentellen Untersuchung für eine bestimmte Praxis, ist nur mit Hilfe einer Theorie zu beantworten, die streng geprüft worden und nicht gescheitert ist. *Gadenne* (1976, 80) drückt sich wie folgt aus:

> "Die Lösung praktischer Probleme erfolgt hier nicht in der Weise, daß Daten unmittelbar auf die Anwendungssituation übertragen werden, sondern folgendermaßen: Aus bewährten Theorien werden technologische Aussagen abgeleitet. Dies sind Sätze, die besagen, welche Maßnahmen man ergreifen muß, um bestimmte erwünschte Ereignisse eintreten zu lassen, oder um bestimmte unerwünschte Ereignisse zu vermeiden. Die Anwendung einer technologischen Aussage wird durch die Bewährung der Theorien, aus der sie abgeleitet wurde, gerechtfertigt. Die Bewährung dieser Theorien ist das Ergebnis strenger Prüfungen. 'Übertragungen' von Untersuchungsergebnissen auf die Praxis erfolgen also über Theorien. Dies macht eine Übereinstimmung der Untersuchungssituation mit der praktischen Situation überflüssig".

(Zur Explikation des Begriffs der technologischen Prognose vgl. Brocke 1979).

Empirische Theorien haben primär die Aufgabe, wissenschaftliche Erklärungen zu leisten und Prognosen zu ermöglichen; sekundär ist der Gesichtspunkt, ob sie zur Lösung praktischer Probleme taugen. Das Ziel der vorliegenden Monographie ist es, eine Theorie psychologischer Experimente darzustellen, die empirische Hypothesen prüfen. Eine experimentell ausgerichtete technologische Forschung bleibt unberücksichtigt. Mit dem Zitat von *Gadenne* soll das Verhältnis zwischen wissenschaftlicher und technologischer Forschung nur für solche Fälle zum Ausdruck gebracht werden, in denen es um die Frage der Anwendung psychologischer Theorien geht. Technologische Forschung ist darüber hinaus auch ohne bewährte wissenschaftliche Theorie möglich.

Eine Theorie greift immer weit über das hinaus, was in einer Untersuchung geprüft wird. Zwei Beispiele aus unterschiedlichen Forschungsdisziplinen der Psychologie mögen dies belegen. Diese Beispiele werden auch in späteren Abschnitten oft zur

Erläuterung bestimmter Prinzipien herangezogen, so daß sie hier ausführlich geschildert werden sollen.

(1) Die Theorie der kognitiven Dissonanz von *Festinger* (1959) ist ein komplexes System von Aussagen, auf das hier nicht weiter eingegangen werden kann; gute deutschsprachige Darstellungen und Weiterentwicklungen der Theorie finden sich bei *Irle* (1975) und *Frey* (1978). Die Experimente zur Prüfung von Hypothesen, die aus der Dissonanztheorie abgeleitet wurden, sind jedoch außerordentlich "künstlich" und kontrolliert. Keine Untersuchung wird allen Aspekten der Theorie gerecht. Als Beispiel für eine dissonanztheoretisch angeregte Untersuchung mag das Experiment von *Festinger* und *Carlsmith* (1959) stehen. Untersucht wurden zwei Hypothesen: (1) Wenn eine Person zu Handlungen oder Aussagen veranlaßt wird, die ihrer eigenen Meinung widersprechen, tendiert sie dazu, ihre Meinung so zu verändern, daß sie mit den Aussagen, zu denen die Person veranlaßt wurde, übereinstimmen. (2) Diese Tendenz ist umso stärker, je geringer der angewendete Druck war. Aus diesen Hypothesen können folgende statistische Hypothesen hergeleitet werden, wobei μ_j den Mittelwert der j-ten Population auf der AV symbolisiert:
(2') Im Durchschnitt finden Vpn, auf die schwacher Druck ausgeübt wurde, ein langweiliges Experiment interessanter als Vpn, auf die starker Druck ausgeübt wurde: $\mu_1 > \mu_2$. (1') Vpn, auf die Druck ausgeübt wurde, finden das Experiment im Durchschnitt interessanter als Vpn, auf die kein Druck ausgeübt wurde: $\frac{\mu_1 + \mu_2}{2} > \mu_3$

Alle drei Versuchsgruppen hatten an einem sehr langweiligen Leistungsexperiment teilzunehmen, dessen Ergebnisse die Vl nicht im geringsten interessierten. Dennoch wurden die Leistungen mit der Stoppuhr gemessen, um die Vpn davon zu überzeugen, daß es sich um ein Experiment handelte. Nach Beendigung dieses Experiments wurden die Vpn falsch über den Zweck der Untersuchung informiert. Es wurde ihnen erzählt, daß sie die Vpn einer Kontrollgruppe wären, die vorher über den Zweck des Versuchs nicht informiert worden sei, während den Vpn der anderen Gruppe gesagt würde, das Experiment wäre interessant, fesselnd, vergnüglich. Damit es für diese Vpn überzeugender sei, lasse man dies durch einen Studenten sagen. Von diesem Zeitpunkt an unterschied sich die Behandlung der drei Versuchsgruppen. Die Vpn, auf die Druck ausgeübt wurde, wurden anschließend gebeten, der folgenden Vp, die zur Experimentalgruppe gehöre (in Wirklichkeit handelte es sich um eine Vertraute der Experimentatoren!), zu sagen, daß es sich um einen interessanten, lustigen, vergnüglichen Versuch handele. Wenn sie einverstanden sei, bekäme sie für ihre Mitwirkung 1 Dollar (Gruppe 1) bzw. 20 Dollar (Gruppe 2). Diese Bitte wurde folgendermaßen begründet: Der Student, der sonst die Instruktion der Experimentalgruppe vornehme, habe gerade angerufen, er sei verhindert. Jetzt sei man in Verlegenheit, da ein Student (s.o.) die Instruktion vornehmen müsse, und man habe sich gedacht, daß sie, die Vp des Leistungsexperiments, diese Aufgabe vielleicht übernehmen könne, da sie den Versuch ja kenne. Bei Einwilligung wurden der Vp 1 bzw. 20 Dollar ausgehändigt, und sie instruierte die nachfolgende Vp (die Vertraute der Vl) nach Vorschrift. Diese "Instruktion" der nachfolgenden Vp gehörte nicht zu den Aufgaben der Vpn der dritten Gruppe.

Die beiden UV des Experiments werden also durch folgenden Trick in das Experiment eingeführt:

a) schwacher vs. starker Druck: Die Vpn glauben, mit dem Experiment (Leistungsversuch) fertig zu sein. Dieses Experiment ist wegen der geforderten Leistungen (Spulen von einem Tablett abräumen, Drehen von Zapfen, Dauer: insgesamt eine Stunde) vermutlich als sehr langweilig erlebt worden. Da es sich wegen einer Panne (Ausbleiben des studentischen Vl für Experimentalgruppe) anbietet, daß sie diese Rolle übernehmen, werden die Vpn darum gebeten. Ihre Tätigkeit besteht darin, die nachfolgende Vp über den Versuch so zu instruieren, daß das Gesagte dem eigenen Erlebnis widerspricht. Dafür erhalten die Vpn ein Honorar, wobei die Bezahlung mit einem Dollar als schwacher, die Aushändigung von 20 Dollar als starker Druck interpretiert wird.

b) Druck vs. kein Druck: Zur Bedingung "Druck" gehören alle eben geschilderten Prozeduren; die Bedingung "kein Druck" wird dadurch realisiert, daß die eben geschilderten Prozeduren unterbleiben (Gruppe 3).

Beide Hypothesen lassen sich nur prüfen, wenn bekannt ist, wie interessant die Vpn das Leistungsexperiment fanden. Dies wurde mittels Rating-Skalen in Erfahrung gebracht. Das Problem bei der Erhebung dieser Daten war, wie die Ratings so begründet werden konnten, daß sie für die Vpn mit dem eigentlichen Zweck des Experiments nicht in Verbindung zu bringen waren. Dies wurde von den Autoren wie folgt zu erreichen versucht. Schon bei der Ankündigung der Experimente in einer Vorlesung wurde den Studenten gesagt, daß eine andere Abteilung für Psychologie die Experimente auswerten wolle, um sie verbessern zu können. Deswegen werde eine *Stichprobe* von Teilnehmern am Experiment interviewt werden, und es sei wichtig, die Fragen ehrlich zu beantworten. Im Versuch selbst wurde den Vpn nochmals erzählt, daß die Kollegen von der anderen Abteilung sie *vielleicht* noch interviewen wollten. Nach Beendigung der oben geschilderten Versuche geleitete der Experimentator die Vpn zum Büro des Interviewers und fragte, ob er die Vpn noch sprechen wolle, was der Interviewer, der nicht wußte, welche Vp zu welcher Bedingung gehörte, bejahte. Das Interview bestand aus vier Fragen, zu denen die Vpn ihre Meinungen auf einer 11-stufigen Skala anzukreuzen hatten. Unmittelbar war *eine* Frage auf die Hypothese bezogen; die anderen Fragen waren so formuliert, daß die Vpn den Eindruck haben konnten, sie würden interviewt, damit spätere Versuche verbessert werden könnten. Die Reaktivität der Erhebung der AV sollte also so vermieden werden, daß die Vpn die Ratings mit dem Zweck des Experiments nicht in Verbindung bringen konnten; außerdem war die eigentlich interessante Frage in andere Fragen eingebettet worden.

Auf diese Untersuchung bezogen zeigt sich die Sinnlosigkeit des Künstlichkeits-Arguments. Die Täuschungsversuche wurden durchgeführt, um die Vpn nicht bemerken zu lassen, daß mit ihnen experimentiert wurde. Dadurch sollte die Möglichkeit zur Verfälschung der Relation zwischen UV und AV ausgeschaltet werden, die besonders bei sozialpsychologischen Experimenten in Betracht zu ziehen ist, wenn die Vpn über ihre Rolle als Vp Bescheid wissen. Legitim ist jedoch die Frage, ob die Täuschungen als gelungen zu bezeichnen sind (vgl. Abschnitt III, 3.3). – Die Frage, ob die Ergebnisse auf die soziale Wirklichkeit übertragbar sind, in der unter mehr oder minder starkem Druck Aussagen gemacht werden, die der eigenen Meinung widersprechen, läßt sich so nicht beantworten. *Es gibt keine logisch zu rechtfertigende induktive Verallgemeinerung dieses Ergebnisses auf nicht-experimentelle Alltagsbedingungen.* Andererseits läßt sich die Dissonanztheorie, sofern sie in kontrollierten Prüfversuchen nicht invalidiert worden ist, auf die Lösung praktischer Probleme anwenden. Z.B. könnte sie der Lehrer anwenden, um die Einstellung seiner Schüler zur Mathematik zu ändern, und der Fraktionsführer einer im Bundestag vertretenen Partei mag sie einsetzen, um "Abweichler" auf die allgemeine Parteilinie zu bringen. Wissenschaftlich (der ethische Gesichtspunkt bleibt unberücksichtigt) ist dieses Vorgehen dann gerechtfertigt, wenn die Theorie Handlungsanweisungen für die Lösung dieser Probleme hergibt; es ist nicht etwa deshalb als nicht gerechtfertigt anzusehen, weil die Theorie in völlig anderen (künstlichen) Situationen überprüft worden ist. Die Anwendung einer nicht falsifizierten Theorie zur Lösung praktischer Probleme kann versucht werden, die induktive Verallgemeinerung experimenteller Ergebnisse auf eine bestimmte Praxis läßt sich dagegen nicht rechtfertigen. Das Argument der Künstlichkeit des Experiments ist verfehlt, weil erst die Kontrolle, die die Künstlichkeit bedingt, strenge Tests einer Hypothese ermöglicht und fälschliche Bestätigungen oder Falsifikationen erschwert; das "Überleben" dieser Tests rechtfertigt die Anwendung der Theorie zur Lösung praktischer Probleme auch in solchen Situationen, in denen eine Kontrolle nicht oder kaum noch möglich ist (vgl. *Bredenkamp* 1971, *Gadenne* 1976). Wenn die praktische Relevanz zum Kriterium *einer Untersuchung* gemacht wird, bleibt nur als Ausweg, von vornherein Untersuchungen möglichst ohne Eingriff in die Realität im natürlichen Milieu durchzuführen. In diesem Kontext lassen sich wegen vieler unkontrollierter Störfaktoren Theorien nicht streng überprüfen, und als Konsequenz ergäbe sich eine theoretische Desintegration der Befunde. Jedes Ergebnis stünde vereinzelt da, weil die Variablen, zwischen denen die Zusammenhänge ermittelt werden, nicht mehr auf Konstrukte zu beziehen wären, die in prüfbaren Theorien verankert sind.

Bei unseren Ausführungen sind wir absichtlich nicht darauf eingegangen, inwiefern die UV in der Untersuchung von *Festinger* und *Carlsmith* (1959) die intendierte theoretische Variable repräsentiert. Dies ist nicht eine Frage nach der außerexperimentellen Übertragbarkeit, sondern es geht um die Validität der UV für ein theoretisches Konstrukt. Dieser Frage, die im Rahmen einer deduktivistischen Theorie abzuhandeln ist, werden wir noch nachgehen (vgl. Abschnitt III. 3.2).

(2) *Paivio* (1971) hat eine Theorie der Informationsverarbeitung ausgearbeitet, der ein integrativer Wert bei der Erklärung verschiedener Ergebnisse aus der Lern- und Gedächtnispsychologie zukommt (vgl. *Wippich* und *Bredenkamp* 1979). Zwei verschiedene informationsverarbeitende Systeme werden postuliert. Das sprachliche System ist auf das serielle Verarbeiten von Informationen, das nonverbale System auf die parallele Informationsverarbeitung spezialisiert. *Paivio* (1971) unterscheidet ferner zwischen verschiedenen Stufen der Bedeutungsanalyse von zu verarbeitenden Informationen. Die erste Stufe ist die der repräsentationalen Bedeutungsanalyse: Bilder als Stimuli lösen Vorstellungsbilder, Wörter implizite sprachliche Benennungen aus. Die denotative Bedeutungsanalyse, die dann folgt, besteht in der Verknüpfung zwischen repräsentationalen Responses: Ein Bild (oder Objekt) wird benannt, und konkrete Wörter lösen ein Vorstellungsbild aus.

Paivio und *Csapo* (1969) haben aus dieser kurz und nur unvollständig geschilderten Theorie (eine ausführliche Darstellung geben *Wippich* und *Bredenkamp* 1979) bestimmte Prognosen abgeleitet und geprüft. Da die denotative Bedeutungsanalyse Zeit erfordert, kann sie verhindert werden, wenn die Darbietungszeit sehr kurz gewählt wird. So kann bei 1/16 Sekunde Darbietungszeit ein Bild nicht benannt werden. Die Verfügbarkeit bestimmter Gedächtniskodes kann also über die Darbietungszeit manipuliert werden. Außerdem besteht noch die Möglichkeit, verschiedene hinsichtlich der Konkretheit unterschiedene Materialien zu verwenden: Vorstellungsbilder sind als Gedächtniskode bei Bildern als Stimuli eher verfügbar als bei konkreten Wörtern und bei diesen eher als bei abstrakten Wörtern, während der sprachliche Kode eher bei Wörtern als bei Bildern verfügbar ist. *Paivio* und *Csapo* (1969) haben in ihren Experimenten beide Wege beschritten, um die Verfügbarkeit der Gedächtniskodes zu manipulieren. Außerdem haben sie Gedächtnisaufgaben verwendet, die eine serielle Informationsverarbeitung (Ermittlung der Gedächtnisspanne, serielles Lernen) und eine parallele Informationsverarbeitung (Freies Reproduzieren, Wiedererkennen) erfordern (zu den verschiedenen Gedächtnisaufgaben vgl. *Bredenkamp* und *Wippich* 1977). Für die Bewältigung dieser Aufgaben wurden theoretisch begründete Prognosen erstellt und experimentell geprüft.

Das Experiment von *Paivio* und *Csapo* (1969) ist künstlich. Niemals werden in "natürlichen" Lernsituationen (z.B. in der Schule) so kurze Darbietungszeiten verwendet wie in dieser Untersuchung. Das serielle Lernen ist eine "künstliche" Lernaufgabe, die im Alltag nur wenige Entsprechungen hat. Sie ist schon gar nicht repräsentativ für das Lernen von Texten, wohl aber ein Indikator des theoretischen Konstrukts "serielle Informationsverarbeitung". Die Ergebnisse des Paivio-Csapo-Experiments lassen sich auf keine außerexperimentelle Realität verallgemeinern. Es handelt sich aber um ein durchdachtes Prüfexperiment einer Theorie, die sich auch in "natürlichen" Lernsituationen anwenden läßt, insofern sie z.B. Handlungsanweisungen für die Gestaltung der Lernmaterialien in der Schule an die Hand gibt. Die Rechtfertigung für diese Anwendung der Theorie ergibt sich wiederum, wenn kontrollierte Prüfversuche nicht zum Nachweis ihrer Falschheit geführt haben.

Die Beispiele sollten demonstrieren, daß die Kritik des Experiments unmöglich ist, wenn der Bezug zu einer übergeordneten Theorie oder Hypothese nicht hergestellt wird. Argumente gegen das Experiment, die sich auf die Künstlichkeit, fehlende Generalisierbarkeit von Befunden und mangelnde praktische Relevanz berufen, verkennen, daß Experimente absichtlich künstlich sind, um Theorien streng prüfen zu können. Die fehlende Übertragbarkeit auf eine bestimmte Praxis kann nicht dem Experiment angelastet werden, sondern, falls sie gegeben ist, der Theorie. Theorien reichen aber meistens, was ihre Anwendbarkeit zur Lösung praktischer Probleme angeht, weit über das hinaus, was in Prüfversuchen tatsächlich geschieht. Das Experimentieren setzt auch kein mechanistisches Menschenbild voraus, wie manchmal behauptet wird (*Gadlin* und *Ingle* 1975). Eine Auseinandersetzung mit dieser Frage ist in der vorliegenden Arbeit nicht zu leisten (vgl. dazu *Kruglanski* 1976).

Im nächsten Abschnitt werden wir eine deduktivistische Theorie des Experiments als Instrument der Hypothesenprüfung darlegen, die das Problem der induktiven Verallgemeinerung von experimentellen Resultaten vermeidet. Die bisherigen Ausführungen dienten der Vorbereitung dieses Abschnitts. Im Rahmen dieser Theorie werden vier Arten der Validität beschrieben, deren Erreichung bei der Planung experimenteller Untersuchungen anzustreben ist. Bei der Frage der *Populationsvalidität* geht es um das Problem, für welche Personen eine Untersuchung repräsentativ ist. Dieses Problem läßt sich nicht durch das Ziehen "repräsentativer" Stichproben lösen, da der Gültigkeitsanspruch wissenschaftlicher Hypothesen sich nicht auf endliche Mengen von Individuen beziehen kann. Lösbar ist das Problem nur durch eine *Hypothesenformulierung* derart, daß bestimmte Vorgänge für *alle* Personen (u.U. mit bestimmten Merkmalen) behauptet werden. In diesem Fall ist jede einzelne Person, die zur Klasse der Individuen gehört, welche die Hypothese meint, bereits voll repräsentativ. Wenn sich die Theorie *Paivios* also auf alle nicht blind oder taub geborenen Menschen im Alter von wenigstens 6 Jahren bezieht, so ist jede Person, der diese Merkmale zukommen, repräsentativ für die gemeinte Klasse der Individuen.

Diese Formulierungen lassen bereits erkennen, daß die statistischen Hypothesen, welche üblicherweise bei der Auswertung von Untersuchungen geprüft werden, nicht identisch sind mit den psychologischen Hypothesen. Die Aussage, daß Personen, die unter Druckanwendung dazu veranlaßt werden, eine Meinung, die der eigenen widerspricht, zu äußern, ihre Meinung in Richtung auf die geäußerte Meinung ändern, ist nicht identisch mit der Aussage, daß die mittleren Meinungen zweier Populationen sich in bestimmter Weise unterscheiden. Da die in der empirischen Psychologie geübte Praxis des statistischen Hypothesentestens im *Widerspruch* zur deduktivistischen Theorie des Experiments steht, kommt es darauf an, diese Praxis so zu verändern, daß sie der Theorie entspricht. Es geht hier um das Problem der *Validität des statistischen*

Schlusses für die Prüfung psychologischer Hypothesen, das eng mit dem Problem der Populationsvalidität verzahnt ist. Eine Lösung der Frage der Validität des statistischen Schlusses ist wichtig, weil oftmals in der empirischen Psychologie auf den Einsatz statistischer Verfahren nicht verzichtet werden kann.

Die *Variablenvalidität* fragt nicht danach, ob unabhängige oder abhängige Variablen repräsentativ für andere Variablen sind, sondern ob die Repräsentativität für die Konstrukte anzunehmen ist, welche in der psychologischen Hypothese benannt sind. In dem Experiment von *Paivio* und *Csapo* (1969) geht es also nicht um die Frage, ob Serielles Lernen repräsentativ für das Textlernen ist, sondern darum, ob es ein Indikator der seriellen Informationsverarbeitung ist, die in der Theorie *Paivios* benannt ist. Es wird sich zeigen, daß sich diese Frage nur durch die intra- oder interexperimentell unterschiedliche Operationalisierung desselben Konstrukts einer Lösung näher bringen läßt. Diese Aussage wirft das neue Problem auf, wann ein Befund als repliziert gelten darf. Diese Frage wiederum läßt sich nur beantworten, wenn das Problem der Validität des statistischen Schlusses befriedigend gelöst worden ist. Die Ausführungen zum Problem der Variablenvalidität werden deutlich machen, daß psychologische Hypothesen nur im Lichte ganzer Forschungsprogramme, nicht einzelner Untersuchungen zu beurteilen sind.

Bei der *ökologischen Validität* geht es um die Frage, ob die Gegebenheiten, unter denen ein Experiment stattfindet, repräsentativ für den in der Hypothese angesprochenen Sachverhalt sind. Ein Teilproblem, nämlich inwieweit Vl-Erwartungen und Motivationen der Vpn experimentelle Resultate beeinflussen, wird in Kapitel IV behandelt.

Die in der Definition des Experiments genannte Kontrolle, also auch die Randomisierung, dient der Herstellung dieser Validitätsarten und soll somit die Möglichkeit zu Fehlern bei der Beurteilung psychologischer Hypothesen einschränken. Wenn sich die Hypothesen, die in einer größeren Theorie verankert sind, bewährt haben, so läßt diese sich möglicherweise zur Lösung praktischer Probleme anwenden. Ob dies möglich ist oder nicht, hängt einmal davon ab, ob sich konkrete Handlungsanweisungen aus der Theorie ergeben, zum anderen davon, wie die Ergebnisse dieser "Anwendungsproben" ausfallen. Bei der Besprechung des Experiments von *Festinger* und *Carlsmith* sind wir auf kasuistische Anwendungsfälle eingegangen. Selbstverständlich läßt sich das Wissen um die Anwendbarkeit einer Theorie zur Lösung bestimmter Probleme systematisieren, wenn Felduntersuchungen durchgeführt werden, die der Überprüfung einer technologischen Aussage dienen.

Der vierte Abschnitt wird sich mit der Sozialpsychologie des Experiments beschäftigen. Unbestreitbar ist das psychologische Experiment eine soziale Situation, in der Experimentator und Versuchsperson miteinander in Kommunikation stehen. Der Experimentator hat bestimmte Erwartungen bzgl. der Ergebnisse, und unbestreitbar ist, daß durch die abhängigen Variablen nur ein kleiner, auf die Versuchshypothese bezogener Verhaltensausschnitt der Vpn erfaßt wird. Diese verhalten sich möglicherweise auch so, daß sie nach der Hypothese des Vl suchen und ihm bei der Konfirmation dieser Hypothese helfen oder sie invalidieren wollen usw. Die Frage, der wir uns im vierten Abschnitt zuwenden werden, lautet, ob die Konzeption des Experiments als soziale Situation und die hierzu vorliegenden Forschungsbefunde das Experiment als ein Instrument der Theorienprüfung desavouieren. Die Meinungen hierzu gehen weit auseinander. Manche Autoren, die sich mit dem Experiment beschäftigt haben, gehen mit keinem Wort auf die Sozialpsychologie des Experiments ein (z.B. *Butullo* 1978), so daß man unterstellen darf, daß die Bedeutung der in diesem Kontext stehenden Forschungsbefunde für das Experiment als gering veranschlagt wird. Der Autor des Experiment-Artikels, welcher in dem in der DDR erschienenen Wörterbuch der

Psychologie (*Clauß* et al 1976) abgedruckt ist, stellt kurz und bündig fest: "Die Grenzen des Experiments in der Psychologie sind keine anderen als in den übrigen Wissenschaften". Dagegen veranschlagen andere Autoren die Bedeutsamkeit der Befunde zur Sozialpsychologie des Experiments so hoch, daß u. a. wegen dieser Ergebnisse empfohlen wird, das Experimentieren besonders in der Sozialpsychologie aufzugeben und sich der Aktionsforschung zuzuwenden (*Mertens* 1975). Im vierten Abschnitt dieser Arbeit werden wir prüfen, welche Bedeutung der Konzeption des Experiments als soziale Situation für die Beurteilung dieser Methode als Instrument der Hypothesenprüfung zukommt.

Der letzte Abschnitt ist der Planung und Auswertung von Experimenten gewidmet. Dort werden wir nicht einzelne Designs experimenteller und quasi-experimenteller Untersuchungen behandeln. Dies ist bereits ausführlich in Lehrbüchern (z.B. *Edwards* 1971, *Henning* und *Muthig* 1979, *Keppel* 1973, *Kirk* 1968, *Winer* 1971) und Handbuchartikeln (*Campbell* und *Stanley* 1963, *Cook* und *Campbell* 1976), die diesen Gegenständen gewidmet sind, geschehen und dort nachzulesen. Wir werden vielmehr das Schwergewicht der Darstellung auf einige Gesichtspunkte der Planung und Auswertung legen, die in der angegebenen Literatur weitgehend vernachlässigt worden sind, dennoch aber außerordentlich bedeutsam sind, wenn im Rahmen der deduktivistischen Theorie das Experiment als Instrument der Hypothesenprüfung angesehen wird.

III. Deduktivistische Theorie des Experiments

In diesem Abschnitt wird zunächst kurz die Falsifikationstheorie *Poppers* (1966) dargestellt werden, die den Rahmen für die deduktivistische Theorie des Experiments bildet. Bevor auf diese Theorie des Experiments eingegangen wird, müssen die Gütekriterien eines Experiments behandelt werden. Einige dieser Gütekriterien sind induktivistisch begründet, und wir werden zu untersuchen haben, wie die Kontrollverfahren zur Erreichung dieser Kriterien in eine deduktivistische Theorie des Experiments eingebettet werden können. Hier geht es um die Zusammenführung der Falsifikationstheorie mit den Prinzipien der statistischen Versuchsplanung und -auswertung. In Bruchstücken liegt eine derartige Verbindung in den Arbeiten *Gadennes* (1976) und *Bredenkamps* (1969a, 1972) bereits vor. Sie erscheint umso wichtiger, als viele Psychologen, wie man ihren Ausführungen entnehmen kann (z.B. *Campbell* 1969, *Irle* 1975), auf dem Boden der Falsifikationstheorie stehen, andererseits aber die in der empirischen Psychologie *praktizierte* Planung und Auswertung von Versuchen im Widerspruch zu dieser Theorie steht.

1. Poppers Falsifikationstheorie

Popper hat gezeigt, daß empirische Hypothesen in der Form von Allsätzen nicht verifizierbar, sondern nur falsifizierbar sind. Beispiel für einen derartigen Allsatz ist die Aussage: " Für alle Individuen i gilt: Wenn i frustriert wird, dann reagiert i aggressiv". Hier handelt es sich um eine allgemeine "Wenn-dann"-Aussage. Zu ihr steht logisch im Widerspruch die singuläre Aussage: "Das Individuum a wurde frustriert und reagierte *nicht* aggressiv". Eine derartige singuläre Aussage, die im Widerspruch zur Hypothese steht, ist bei *Popper* eine notwendige, nicht aber auch schon hinreichende Bedingung für die Falsifikation der allgemeinen "Wenn-dann"-Aussage. Bevor wir hierauf eingehen, soll untersucht werden, wie sich singuläre Basissätze der Form "Individuum a wurde frustriert und reagierte aggressiv" auf die Hypothese auswirken. Bei diesem Satz handelt es sich um eine Aussage, die nicht im Widerspruch zu der Hypothese steht. Die Hypothese konnte also nicht falsifiziert werden, wenn auf die Richtigkeit eines derartigen Basissatzes erkannt wurde. Wenn nun viele Basissätze, die nicht im Widerspruch zur Hypothese stehen, Geltung beanspruchen können, so folgt daraus nicht, daß die allgemeine Wenn-dann-Aussage als verifiziert gelten kann. Die Verifikation würde auf einem nicht zu rechtfertigenden induktiven Schluß beruhen. Es besteht immer die Möglichkeit, daß an noch nicht untersuchten Individuen ein Basissatz bestätigt werden kann, der im Widerspruch zur Hypothese steht. Dagegen ist der Schluß von dem Basissatz "a wurde frustriert und reagierte nicht aggressiv" auf die Falschheit der allgemeinen Hypothese deduktiver Natur. Es wurde jedoch festgestellt, daß ein derartiger Basissatz zur Falsifikation nicht ausreicht. Falsifizierende Basissätze müssen wiederholbar sein. Damit soll die Gefahr reduziert werden, fälschlich für wahr gehaltene Basissätze zur Falsifikation von Hypothesen heranzuziehen. Man kann noch einen Schritt weiter gehen und fordern, daß die Konstrukte "Frustration" und "Aggression" in verschiedenen Untersuchungen unterschiedlich realisiert werden (konzeptuelle Replikation), denn es gibt meistens keinen Weg, diese ganz besondere Form der Frustrationsinduktion gegenüber anderen Formen als valider auszuzeichnen.

Deshalb reicht *ein* der Hypothese widersprechender Basissatz zu ihrer Falsifikation nicht aus. Erst mehrere (möglichst konzeptuell replizierte) Basissätze können zur Falsifikation führen. Diese kann jedoch wieder rückgängig gemacht werden, wenn sich herausstellt, daß die Basissätze mit Fehlern behaftet sind (vgl. hierzu am Beispiel der Frustrations-Aggressionshypothese *Koeck* 1977).

Um die Möglichkeiten der Scheinfalsifikation und Scheinbewährung gering zu halten, ist die Kontrolle von Fehlereinflüssen unumgänglich. Je strikter die Kontrolle, desto aussagekräftiger ist eine Untersuchung, die stets als Versuch der Falsifikation der vorgeordneten Hypothese zu interpretieren ist. Ein Prüfversuch ist umso strenger, je weniger Gelegenheit er der Hypothese gibt, sich zu bewähren, wenn sie tatsächlich falsch ist. Ein einfaches Beispiel möge dies erläutern. Nach dem Fechnerschen Gesetz ist zu erwarten, daß die Beurteilung der Schwere von Gewichten auf einer Kategorienskala linear von der logarithmierten Schwere abhängt. In einer Untersuchung werden fünf verschiedene Gewichte in randomisierter Reihenfolge dargeboten und von den Vpn mehrmals beurteilt. Wenn das Fechnersche Gesetz für jede Person gilt, so läßt sich ableiten, daß auch die über die Vpn gemittelten Urteile linear von der logarithmischen Reizstärke abhängen. Diese Hypothese ist statistisch prüfbar. Außerdem kann noch geprüft werden, ob der Verlauf der mittleren Urteile nicht auch noch zusätzlich einem nicht-linearen Trend folgt. Dieses Vorgehen ist jedoch weniger streng als ein anderes, das es der Hypothese schwerer macht, sich zu bewähren. Der Versuch ermöglicht nämlich auch, die statistische Interaktion zwischen logarithmierter Reizgröße und Vpn in lineare und nicht-lineare Komponenten zu zerlegen und auf Signifikanz zu prüfen. In diesem Versuch bewährt sich das Fechnersche Gesetz nur dann, wenn die mittleren Urteile ausschließlich einem linearen Trend folgen *und* der nicht-lineare Anteil an der Interaktion Null ist. Diese Aussage ist identisch mit der Aussage, daß jede Vp dem Fechnerschen Gesetz gehorchend geurteilt hat. Dieser Schluß ist bei dem zuerst geschilderten Vorgehen nicht möglich, da der lineare Mittelwertstrend auch dann entstehen kann, wenn nicht alle individuellen Trends linear gewesen sind. Das zweite Vorgehen hat das Fechnersche Gesetz also einer erhöhten Gefahr des Scheiterns ausgesetzt. Strenge Prüfversuche liegen immer dann vor, wenn das Risiko des Scheiterns einer Hypothese groß ist (vgl. auch Abschnitt V, 2).

Die Falsifikation von Hypothesen ermöglicht den Erkenntnisfortschritt. Sie führt zur Konstruktion neuer Hypothesen, die alles erklären, was die falsifizierte Hypothese ebenfalls zu erklären vermochte, und zusätzlich auch noch das Resultat einbeziehen, welches zur Widerlegung der alten Hypothese führte. Als psychologisches Beispiel hierfür mag die total-time-Hypothese des verbalen Lernens stehen, die als falsifiziert gelten kann. Diese Hypothese besagt, daß die zur Beherrschung eines Lernstoffes benötigte Lernzeit konstant ist, unabhängig davon, in wieviele Lernversuche die Zeit unterteilt wird. *Bredenkamp* (1975) hat eine neue Hypothese aufgestellt, welche die Befunde, die für die total-time Hypothese sprachen, ebenso erklärt wie diejenigen, welche ihr widersprechen. Die neue Hypothese ist strengen Prüfversuchen ausgesetzt worden (*Bredenkamp* und *Hager* 1979), denen sie bisher widerstanden hat.

Abschließend sei noch auf den Sprachgebrauch zu Hypothese und Theorie eingegangen. In diesem Abschnitt haben wir ausschließlich von Hypothesenprüfung gesprochen, während in Kapitel II von Theorienprüfung die Rede war. Prüfversuche beziehen sich direkt immer auf Hypothesen, die ihrerseits in größeren Aussagesystemen (z.B. der kognitiven Dissonanztheorie) verankert sein können. Direkt werden also in dem Versuch von *Festinger* und *Carlsmith* (1959), der in Kapitel II geschildert wurde, zwei bestimmte Hypothesen geprüft, die aus der Dissonanztheorie abgeleitet wurden, welche auch noch andere Prognosen ermöglicht. Indirekt wird damit auch die Dissonanztheorie geprüft. Allerdings reicht der Nachweis der Falschheit einer bestimmten Hypothese nicht aus, um die ganze Theorie zu falsifizieren.

2. Validitätsarten experimenteller Untersuchungen

Campbell und *Stanley* (1963) haben zwei Validitätsarten von Untersuchungen unterschieden. Interne Validität liegt vor, wenn mit der UV keine anderen Variablen konfundiert sind, die für die Variation der AV verantwortlich gemacht werden können. Dieses Kriterium soll die eindeutige Interpretierbarkeit des Zusammenhangs zwischen UV und AV gewährleisten. Wenn die UV mit einer anderen Variablen konfundiert ist, so läßt sich nicht ermitteln, ob die Variation der AV auf diesen korrelierenden Faktor oder die UV zurückzuführen ist. Externe Validität wirft "die Frage der *Generalisierbarkeit* auf: Für welche Populationen, Gegebenheiten, Behandlungs- und Maßvariablen kann dieser Effekt generalisiert werden?" (*Campbell* und *Stanley* 1970, 459). In einer späteren Arbeit verstehen *Cook* und *Campbell* (1976) unter externer Validität die Generalisierbarkeit eines Ergebnisses auf andere Personen, Gegebenheiten und Zeitpunkte, während die Variablenvalidität gesondert als Konstruktvalidität behandelt wird.

Campbell und *Stanley* haben eine Rangfolge bzgl. der Wichtigkeit beider Validitätsarten aufgestellt. Die interne Validität ist das wichtigere Kriterium. Wenn ein sicherer Schluß, daß die UV die Variation der AV bewirkt hat, nicht möglich ist, lohnen auch Maßnahmen nicht, die die Generalisierbarkeit ermöglichen sollen. Im Rahmen einer deduktivistischen Theorie des Experiments gilt diese Rangfolge nicht. Externe Validität, deduktivistisch interpretiert, ist genauso wichtig wie interne Validität. Verfahren zur Ermöglichung der externen Validität sind genau wie die zur Herstellung der internen Validität auf die Vermeidung von Scheinfalsifikationen und -bestätigungen gerichtet.

Die Theorie der internen/externen Validität bei *Campbell* und *Stanley* (1963) ist induktivistisch. *Gadenne* (1976) kommt das Verdienst zu, dies eindeutig gezeigt zu haben. Besonders deutlich wird der induktivistische Charakter der Theorie bei der Definition der externen Validität. *Cook* und *Campbell* (1976, 236) sprechen selbst davon, daß "assessing external validity, unlike internal validity, is an inductive process". Aber auch die Behauptung, ein Experiment sei intern valide, muß auf einem induktiven Schluß beruhen, da man nicht wissen kann, ob alle möglichen Fehler kontrolliert wurden, es sei denn, man hat eine Liste zur Verfügung, in der alle diese Fehler genannt sind, so daß man sie sämtlich eliminieren kann. Eine solche Liste halten wir für nicht konstruierbar. Eine Untersuchung kann nur auf dem Hintergrund des verfügbaren Wissens in einem Problembereich mehr oder minder intern valide sein. Z.B. unterscheiden sich Quasi-Experimente von "echten" Experimenten vor allem aufgrund der internen Validität, die bei diesen höher als bei jenen ist (*Cook* und *Campbell* 1976).

Da die Begriffe der internen und externen Validität in der induktivistischen Methodologie *Campbells* und *Stanleys* (1963) verankert sind, werden wir sie im folgenden nicht verwenden. Bei der Unterteilung der Validitätsarten gehen wir von einer wissenschaftlichen Hypothese aus, die behauptet, für alle Individuen i gelte, daß B, wenn A.

1. Von *Populationsvalidität* eines Experiments soll gesprochen werden, wenn die Personen, die an einer Untersuchung teilnehmen, zu der Population, für die die Hypothese Geltung beansprucht, gehören. Dieses Kriterium ist nicht erfüllt, wenn Personen an dem Experiment teilnehmen, die nicht zur Klasse der Individuen zählen, welche in der Hypothese gemeint ist.

2. A und B sind oftmals Konstrukte, die operationalisiert werden müssen. Die *Variablenvalidität* fragt nach der Gültigkeit dieser Operationen für die gemeinten Konstrukte. Bei der UV besteht zusätzlich das Problem, daß sie mit anderen Variablen vermischt sein kann. Nach *Campbell* und *Stanley* (1963) würde in diesem Fall keine interne Validität vorliegen. Nach der hier vorgeschlagenen Terminologie wäre die UV in diesem Falle nicht valide, weil sie von einer anderen Variablen nicht getrennt wurde. "Interne Validität" wird hier also unter Variablenvalidität subsumiert.

3. Die Untersuchung der Hypothese findet unter ganz bestimmten Umständen statt. Sind diese Umstände repräsentativ für den in der Hypothese angesprochenen Sachverhalt? Dies ist die Frage nach der *ökologischen Validität.*

4. Sehr oft wird die Untersuchungshypothese statistisch geprüft; die *Validität des statistischen Schlusses* fragt nach der Angemessenheit des gewählten Verfahrens.

Im nächsten Abschnitt werden wir ausführlich auf diese Validitätsarten eingehen. Diese sind z.T. so miteinander verflochten, daß die angegebene Reihenfolge für die Darstellung nicht eingehalten werden kann. Der Ausgangspunkt wird die Frage der Populationsvalidität sein. Dieses Problem ist leicht zu lösen, wenn die Hypothese als Allsatz formuliert wurde. Es ergeben sich aber Folgeprobleme, deren Lösung zentraler Bestandteil einer deduktivistischen Theorie ist. In diesem Zusammenhang muß bereits die statistische Validität erörtert werden. Es folgen dann die Darstellung der Variablen- und ökologischen Validität.

3. Deduktivistische Theorie des Experiments

3.1 Das Problem der Populationsvalidität

Psychologische Hypothesen lassen sich prinzipiell auf dreierlei Art und Weise formulieren:

(1) als deterministische Allsätze. Diese behaupten z.B., daß für alle Individuen i (einer bestimmten Klasse, z.B. mit repressiver Angstverarbeitung) gilt, daß B, wenn A. Ein anderes Beispiel ist das Fechnersche Gesetz, nach dem das Wahrnehmungsurteil R eine logarithmische Funktion der Reizgröße S ist: Für alle Individuen i gilt: $R_{ij} = c \log S_j + k$. Die Hypothese kann auch interindividuelle Unterschiede zulassen:
$R_{ij} = c_i \log S_j + k_i$. c und k sind Konstanten.

(2) als statistische Allsätze. Diese behaupten, daß für alle Individuen i (einer bestimmten Klasse) gilt: $p(B_i/A_i) = r$. Dies ist die Aussage über eine bedingte Wahrscheinlichkeit. Ein Spezialfall dieser Aussage ist die deterministische Hypothese, die auch so formuliert werden kann: Für alle Individuen i gilt: $p(B_i/A_i) = 1$. Statistische Allsätze werden manchmal auch ohne Angabe der Größenordnung für $p(B_i/A_i)$ aufgestellt. Z.B. läßt sich die Aussage: "Es besteht die Tendenz, daß B, wenn A" so interpretieren: Für alle i gilt: $p(B_i/A_i) > 0$.

In diesem Zusammenhang sei darauf hingewiesen, daß ein statistischer Allsatz wohl häufig als vorläufiges *Ergebnis* eines Forschungsprogramms zu bewerten ist, an dessen Anfang eine deterministische Hypothese stand, die aufgrund empirischer Ergebnisse abgeschwächt wurde. *Koeck* (1977) hat dies sehr eindringlich am Beispiel der Frustrations-Aggressions-Hypothese gezeigt.

(3) als Populationsaussagen, die etwas über die Gleichheit oder Ungleichheit von Parametern aussagen, z.B. $\mu_1 = \mu_2$: Die Mittelwerte zweier Populationen sind gleich groß.

Nun läßt sich das Problem der Populationsvalidität leicht lösen, wenn psychologische Hypothesen als Allsätze formuliert werden. Das Problem ist bereits damit gelöst, daß nur solche Vpn am Versuch teilnehmen, die zur Klasse der Personen gehören, für welche die Hypothese Geltung beansprucht. In diesem Fall ist bereits jede einzelne Person voll repräsentativ (vgl. *Lewin* 1927). Wenn mit mehr als einer Person experimentiert wird, so kann dies nicht deshalb geschehen, weil die Repräsentativität erhöht werden soll, sondern aus Gründen der Fehlerkontrolle (s. u.). Häufig sind Studenten die experimentellen Vpn. Das Argument, daß somit die Ergebnisse nicht auf andere Menschen übertragbar seien, ist nicht stichhaltig. Auf dieses Argument werden wir noch zu sprechen kommen. Vorläufig gilt, daß Studenten, wenn sie nicht ausdrücklich aus dem Geltungsbereich der Hypothese ausgeschlossen werden, genauso repräsentativ sind wie andere Personen, die der gemeinten Population angehören.

Allsätze beziehen sich auf offene Populationen. Damit sind sie falsifizierbar, nicht jedoch verifizierbar. Würde man von begrenzten endlichen Populationen ausgehen, könnte der Wahrheitsanspruch einer Hypothese nie über die augenblicklichen Gegebenheiten hinausgehen. Durch Geburt und Tod ändert sich eine begrenzte Population fortlaufend. Wäre sie in einer Hypothese gemeint, so wären die Ergebnisse einer Untersuchung zum Zeitpunkt ihrer Veröffentlichung schon veraltet, da die Population, auf die sich die Untersuchung bezieht, nicht mehr existiert.

Manchem Psychologen wird es unrealistisch erscheinen, psychologische Hypothesen als Allsätze zu formulieren, da er weiß, daß in den meisten Untersuchungen *tatsächlich* Populationsaussagen geprüft werden. Wenn man sich derartige Untersuchungen jedoch genau ansieht, so wird man häufig finden, daß der Populationsaussage ein Allsatz vorgeordnet ist, auch wenn dies nicht explizit zum Ausdruck gebracht wird (vgl. *Bredenkamp* 1972). Dies hat seinen guten Grund. Psychologische Hypothesen sagen häufig etwas über innere Vorgänge aus. *Festinger* und *Carlsmith* (1959, vgl. Abschnitt II) stellen z. B. die Hypothese auf, daß Personen, die dazu veranlaßt werden, eine ihrer eigenen Meinung widersprechende Aussage zu machen, dahin *tendieren*, ihre persönliche Meinung so zu *verändern*, daß sie im Einklang mit der Aussage steht. *Paivio* und *Csapo* (1969) gehen von der verbalen und nonverbalen Informationsverarbeitung aus. Hier werden innere Vorgänge angesprochen, die in jedem Menschen (einer bestimmten Klasse) ablaufen. Statistische Populationsaussagen können sich auf derartige Vorgänge nicht beziehen und interessieren deshalb als wissenschaftliche Hypothese häufig nicht. Ihnen kommt aber bei der Prüfung eines Allsatzes eine ganz bestimmte Funktion zu, auf die wir noch eingehen werden. Ein zweiter Grund für die Bevorzugung von Allsätzen gegenüber den statistischen Populationsaussagen ergibt sich aus dem Erklärungsmodell von *Hempel* und *Oppenheim* (vgl. *Westmeyer* 1973). Eine deduktive Erklärung besteht darin, die zu erklärende Aussage logisch aus einer deterministischen Gesetzeshypothese und singulären Aussagen über das Vorliegen der Randbedingungen abzuleiten. Eine Adäquatheitsbedingung für korrektes Erklären besagt, daß sich die Gesetzeshypothese gut bewährt haben muß. Sie darf also in strengen Prüfversuchen nicht falsifiziert worden sein. Ein induktives Erklärungsmodell läßt sich dann anwenden, wenn die Gesetzeshypothese die Form eines statistischen Allsatzes hat (vgl. *Westmeyer* 1973). Es gibt jedoch kein Erklärungsmodell, in dem die Gesetzeshypothese eine statistische Populationsaussage ist. Sofern man also die Erklärung als ein Ziel der empirischen Psychologie begreift, müssen wissenschaftliche Hypothesen die Form von Allsätzen haben.

Nun gibt es jedoch unbezweifelbar statistische Populationsaussagen, die als die eigentlich wissenschaftliche Hypothese interessieren. Beim Effizienzvergleich verschiedener Lehrmethoden (z. B. deduktiver vs. induktiver Unterricht) dürfte vor allem interessieren, welche Methode *durchschnittlich* bessere Lernerfolge nach sich zieht. Dies gilt auch dann, wenn in der sog. aptitude-treatment-interaction-Forschung (vgl. *Schwarzer* und *Steinhagen* 1975) die differentielle Methodeneffizienz in Abhängigkeit von bestimmten Schülermerkmalen (z. B. kognitiver Stil) untersucht wird. In solchen Untersuchungen sollen keine Allsätze der Gefahr des Scheiterns ausgesetzt werden, sondern es sollen praktische Probleme gelöst werden: Führt bei bestimmten Schülern die Lehrmethode A zu durchschnittlich besseren Erfolgen, während Methode B bei anderen Schülern effizienter ist? Diese Untersuchungen führen zu einem ganz anders gearteten Problem der Populationsvalidität, als es bei Allsätzen vorliegt. Wir werden zunächst auf die Allsätze eingehen und dann auf statistische Populationsaussagen. Letztere spielen als wissenschaftliche Hypothesen im Rahmen der deduktivistischen Theorie keine Rolle, so daß das Problem der Populationsvalidität nur sehr kurz behandelt wird.

3.1.1 Populationsvalidität und Folgeprobleme bei Allaussagen als psychologische Hypothesen

Es wurde schon ausgeführt, wie sich hier das Problem der Populationsvalidität lösen läßt. Diese Lösung zieht aber Folgeprobleme nach sich, die sich ergeben, wenn "B" zur Prüfung der Hypothese "Für alle i: Wenn A, dann B" nicht an jeder Person festgestellt werden kann. Wird A an jeder Vp realisiert und läßt sich B an jeder Person feststellen, so ergeben sich keine Probleme. An jeder Person ist dann der Basissatz: "A und nicht B", der im Widerspruch zur Hypothese steht, prüfbar. Läßt sich dieser Basissatz an einer Person bestätigen, so liegt eine notwendige, nicht aber schon hinreichende Bedingung für die Falsifikation der Hypothese vor (vgl. Abschnitt III, 1). Ein Beispiel für diesen unproblematischen Fall haben wir in Abschnitt III, 1 schon gegeben. Es ging um die Prüfung des Fechnerschen Gesetzes. Das Experiment war so angelegt, daß es als eine Anzahl von Einzelversuchen interpretiert werden kann, in denen an jeder Vp das Fechnersche Gesetz prüfbar ist. Mit der Prüfung der nicht-linearen Wechselwirkungskomponente auf statistische Signifikanz wird die Hypothese geprüft, daß für jede am Experiment beteiligte Vp das Fechnersche Gesetz gilt.

Leider liegt in der Psychologie der Fall meistens nicht so einfach (vgl. *Bredenkamp* 1972). Als Beispiel diene wieder die Untersuchung von *Festinger* und *Carlsmith* (1959). Eine ihrer Hypothesen war, daß Personen, die dazu veranlaßt werden, eine ihrer eigenen Meinung widersprechende Aussagen zu machen, dahin tendieren, ihre persönliche Meinung so zu *verändern*, daß sie im Einklang mit der Aussage steht. Hier ist von Änderung die Rede. Eigentlich wären also zwei Messungen notwendig gewesen. Die Meinung hätte vor der "Veranlassung der widersprechenden Aussage" und danach noch einmal erhoben werden müssen. Ein solches Experiment hätte jedoch den Gegenstand der Untersuchung zerstört. Deswegen haben *Festinger* und *Carlsmith* (1959) die durchschnittlichen Meinungen zweier Versuchsgruppen statistisch verglichen, von denen eine "veranlaßt" wurde, die Meinung zu äußern, während die andere Gruppe "unbehandelt" blieb. Die Zufallsaufteilung der Vpn auf *verschiedene* Gruppen diente also in diesem Fall dazu, Fehler, die bei wiederholten Messungen entstehen, zu vermeiden. Ist damit aber auch noch eine Prüfbarkeit der Ausgangshypothese möglich?

Um dieses für die experimentelle Psychologie typische Problem klar zu fassen, sei nochmals festgestellt: Die Untersuchungshypothese ist ein Allsatz: "Für alle i: $p(B_i/A_i) > 0$". A (Veranlassung zur Meinungsäußerung unter Druck) kann an jeder Vp realisiert werden. B (Meinungsänderung) kann jedoch nicht an einzelnen Vpn festgestellt werden. Deshalb werden zwei Gruppen (Gruppe "A" und Gruppe "non A") zufällig gebildet, die Mittelwerte werden statistisch verglichen. Ist dieses Vorgehen gerechtfertigt?

Das Problem, das sich infolge der Lösung des Problems der Populationsvalidität durch Formulierung eines Allsatzes ergibt, läßt sich in folgende Subprobleme zerlegen (vgl. *Bredenkamp* 1979):

(1) Die statistische Populationsaussage, die überprüft wird, ist nicht identisch mit der Allaussage, die den Ausgangspunkt für die Untersuchung bildete. Welchen Wert hat dann diese statistische Hypothesenprüfung für die eigentlich interessierende psychologische Hypothese?

(2) Bei der statistischen Hypothesenprüfung muß angenommen werden können, daß Zufallsstichproben aus der Population gezogen worden sind. Die Population ist jedoch offen, bezieht sich also auch auf Menschen, die noch gar nicht geboren oder schon verstorben sind. Aus einer derartigen Population sind keine Zufallsstichproben zu ziehen. Wie ist aber dann der statistische Test zu rechtfertigen, wenn eine Grundvoraussetzung für das statistische Hypothesentesten nicht erfüllt ist?

(3) Durch die Lösung des ersten "Folgeproblems" ergibt sich das neue Problem, daß über das Zutreffen der Nullhypothese eines statistischen Tests entschieden werden muß. Wie aber ist eine solche Entscheidung möglich, wenn die Wahrscheinlichkeit für ihre fälschliche Akzeptanz unbekannt ist?

Da die folgenden Ausführungen es dem Leser wegen ihrer Länge möglicherweise schwer machen, den roten Faden zu verfolgen, seien die Antworten auf die gestellten Fragen vorweg dargestellt. Der Wert der statistischen Hypothesenprüfung besteht im Rahmen der deduktivistischen Theorie des Experiments darin, daß eine der statistischen Populationsaussagen, H_0 oder H_1, durch den vorgeordneten Allsatz impliziert wird. Wird auf Richtigkeit der Negation der implizierten Aussage erkannt, so läßt sich die vorgeordnete Hypothese falsifizieren. Damit eine derartige Entscheidung überhaupt getroffen werden kann, ist es erforderlich, vor dem Experiment neben der statistischen Fehlerwahrscheinlichkeit α auch β klein zu halten und eine Effektgröße festzulegen, die mit der Wahrscheinlichkeit $1-\beta$ entdeckt werden soll. Derartige Festlegungen ermöglichen die Fixierung des benötigten Stichprobenumfangs *vor* der Durchführung der Untersuchung. Allerdings läßt sich diese Strategie nur bei Unterstellung bestimmter Verteilungen der Teststatistik anwenden. In diesem Falle ist der Signifikanztest nur anzuwenden, wenn Zufallsstichproben gezogen worden sind. Da dies unmöglich ist (s.o.), wird ein parametrischer Test, für den die Apriori-Bestimmung des Stichprobenumfangs möglich ist, als rechnerische Vereinfachung eines Randomisierungstests interpretiert, der die Annahme der Zufallsstichprobenentnahme überflüssig macht.

Im folgenden soll ausführlich auf die einzelnen Lösungsschritte eingegangen werden:

Ad (1)

Eine Allaussage zieht immer die Richtigkeit einer bestimmten statistischen Populationsaussage nach sich. Eine Allaussage impliziert also eine bestimmte statistische Populationsaussage logisch. Z.B. impliziert die Aussage, für alle Personen gelte das Fechnersche Gesetz, die statistische Populationsaussage: $\overline{R}_j = \overline{c} \log S_j + \overline{k}$. $\overline{R}_j$, $\overline{c}$ und $\overline{k}$ geben die über die Vpn gemittelten Werte an. Nicht immer muß die Mittelwertskurve dieselbe Form haben wie die im Allsatz benannte Funktion (vgl. dazu *Bredenkamp* 1972). Das ändert aber nichts an der Tatsache, daß sich immer ein bestimmter Mittelwertstrend aus dem Allsatz ableiten läßt. Läßt sich die implizierte statistische Hypothese als falsch ausweisen, so kann über Anwendung des modus tollens die implizierende Hypothese falsifiziert werden. *Ein* derartiger Nachweis genügt zur Falsifikation allerdings nicht (vgl. Abschnitt III, 1). In den bisherigen Ausführungen steckt eine problematische Aussage. Statistische Populationsaussagen können nicht als falsch ausgewiesen werden. Deshalb muß eine methodologische Regel vereinbart werden: Verwirf die implizierte statistische Hypothese dann, wenn die Fehlerwahrscheinlichkeit hierfür gering ist. Die Kontrolle der Fehlerwahrscheinlichkeiten beim statistischen Hypothesentesten ist also außerordentlich wichtig. Darauf werden wir noch zurückkommen.

Ähnlich wie bei dem bisher geschilderten Fall ist die Lage, wenn unterschiedliche Gruppen statistisch verglichen werden. Wäre die Hypothese *Festingers* und *Carlsmith'* (1959) die Aussage gewesen, daß alle Personen ihre Meinung ändern (und nicht nur dahin tendieren), so würde folgendes gelten: Wenn dies für alle Individuen gilt, so muß auch zutreffen, daß solche Personen, die unter Druck zu einer Meinungsäußerung, die der eigenen Ansicht nicht entspricht, veranlaßt werden, eine durchschnittlich günstigere Meinung von dem Experiment haben als solche, die zu einer Äußerung ihrer Meinung ohne Anwendung von Druck veranlaßt wurden. Dies gilt, wenn zusätzlich die Vergleichbarkeit der Gruppen gegeben ist, wenn also mit der UV keine andere Variable konfundiert ist. Wenn sich von vornherein gehäuft Personen in einer Gruppe befinden, die den Versuch interessant finden, so ist die vorgeordnete Hypothese nicht mehr streng prüfbar. Die Vergleichbarkeit wird durch die Randomisierung angezielt.

Festinger und *Carlsmith* (1959) haben nun ihre Hypothese nicht als deterministischen, sondern als statistischen Allsatz formuliert. Auch hier gilt: Wenn der statistische Allsatz wahr ist, so muß auch gelten, daß im Durchschnitt die "unter Druck gesetzte" Gruppe eine günstigere Meinung äußert. Ist die Wahrscheinlichkeit für eine Meinungsänderung z.B. bei jeder Person 0.5, so ist zu erwarten, daß jede zweite Vp unter Druck eine günstigere Meinung hat, als dies der Fall ohne Druckanwendung gewesen wäre. Dies schlägt sich dann in den Durchschnittswerten beider Versuchsgruppen nieder. Kann in diesem Versuch die implizierte statistische Alternativhypothese verworfen (ihre Negation, die statistische Nullhypothese, angenommen) werden, so läßt sich über Anwendung des modus tollens die psychologische Hypothese falsifizieren.

Das statistische Hypothesentesten hat also durchaus seine Berechtigung innerhalb der experimentellen Psychologie, wie gezeigt worden ist. Deshalb ist auch *Harnatts* (1975) Vorschlag, auf das statistische Hypothesentesten zu verzichten, im Rahmen einer deduktivistischen Theorie des Experiments nicht akzeptabel. Das statistische Hypothesentesten ist im übrigen kein induktives (vgl. *Krause* und *Metzler* 1978), sondern ein deduktives Vorgehen. Das Ergebnis eines Signifikanztests ist immer die Wahrscheinlichkeit einer bestimmten Ergebnisklasse im Lichte einer Hypothese und nicht eine induktive Hypothesenwahrscheinlichkeit (vgl. *Bredenkamp* 1972). Allerdings kann der Signifikanztest nur als deduktivistisches Verfahren bezeichnet werden, wenn weitere Kriterien erfüllt sind, auf die wir jetzt zu sprechen kommen.

Ad (2)

In Abschnitt I wurde als wesentliches Kriterium des Experimentierens das Randomisieren genannt. Die Randomisierung ermöglicht die Durchführung statistischer Tests, die nur der Auswertung experimenteller (nicht quasi-experimenteller) Daten vorbehalten bleibt. Eine zufällige Aufteilung der Vpn auf verschiedene experimentelle Bedingungen oder die zufällige Variation der Reihenfolge der Bedingungen bei wiederholten Messungen ermöglicht die Durchführung von statistischen Tests, auch wenn einer Population keine Zufallsstichprobe entnommen wurde. Darauf hat *Edgington* (z.B. 1969) wiederholt aufmerksam gemacht. Er hat damit dem experimentierenden Psychologen ein wichtiges Rationale zur Legitimierung statistischer Hypothesentests gegeben; denn Zufallsstichproben werden kaum jemals gezogen. Der deduktivistisch orientierte

Forscher kann sie nicht ziehen, da "seine" Population offen ist; der induktivistisch orientierte Forscher arbeitet selbst dann aus Kostengründen oftmals nicht mit Zufallsstichproben, wenn "seine" Population endlich ist.

Die Grundidee eines Randomisierungstests soll an zwei einfachen Beispielen erläutert werden.

Beispiel A: Die Vpn sind zwei verschiedenen Bedingungen zufällig zugeordnet worden. Es bleibt sich gleich, um welche Vpn es sich handelt, so lange sie der in der Hypothese gemeinten Population angehören. Für *diese am Experiment beteiligten Vpn* soll nun die statistische Hypothese geprüft werden, daß beide Bedingungen den gleichen Effekt auf die AV haben. Eine Generalisierung auf eine Population ist nicht beabsichtigt. Es geht nur um die Prüfung, ob für *die am Experiment beteiligten Vpn* kein Effekt auftritt. Die Nicht-Generalisierbarkeit ist natürlich im Rahmen einer deduktivistischen Theorie des Experiments kein Nachteil.

Erläutern wir den Randomisierungstest am Beispiel der Untersuchung von *Festinger* und *Carlsmith* (1959). Sie hatten 60 Vpn zur Verfügung. 40 Probanden wurden zufällig der Bedingung "Druck", 20 der Bedingung "kein Druck" zugeordnet. Wenn nur der Zufall die Aufteilung der Vpn und daher der mit ihnen verbundenen Werte der AV bewirkt hat, dann wäre jede von der erhaltenen Aufteilung abweichende Verteilung der Daten ebenso möglich gewesen. Insgesamt sind dann 60!/40! 20! Aufteilungen mit $n_1 = 40$ und $n_2 = 20$ möglich und gleich wahrscheinlich. Um nun die Nullhypothese zu prüfen, hätten die Autoren folgendermaßen vorgehen können. Sie hätten für jede Datenaufteilung die Mittelwertsdifferenzen bestimmen können. Es wären also 60!/40! 20! Mittelwertsdifferenzen angefallen. In diesem Fall interessiert ein einseitiger Test der Nullhypothese, da mit dem Allsatz die statistische Hypothese im Einklang steht, daß die durchschnittliche Meinung unter der Bedingung "Druck" günstiger ist. Nehmen wir an, daß die Nullhypothese auf dem Signifikanzniveau $\alpha \leq 0.05$ getestet werden sollte. In diesem Fall müßte die Nullhypothese zurückgewiesen werden, wenn die Mittelwertsdifferenz zugunsten der "Druck"-Gruppe unter den 5% der möglichen 60!/40! 20! Verteilungen ist, die den höchsten Mittelwertsunterschied in dieser Richtung aufweisen. Bei einem zweiseitigen Test mit $\alpha = 0.05$ wird die Nullhypothese dann verworfen, wenn die absolute Mittelwertsdifferenz (ohne Berücksichtigung des Vorzeichens) unter den 5% aller möglichen Verteilungen mit der größten absoluten Mittelwertsdifferenz ist.

Dieses Vorgehen macht keinerlei Verteilungsannahmen notwendig und ist angesichts der Situation, in der sich der Experimentator befindet, viel angemessener als die Durchführung parametrischer Tests. Eine (nicht statistische) Annahme steckt aber doch in dem Vorgehen. Im Rahmen der Meßtheorie von *Suppes* und *Zinnes* (1963) sind zwei Theoreme formuliert worden. Ein empirisches Relativ wird durch ein numerisches Relativ abgebildet, wenn die Zahlenzuordnung zu den Objekten bis auf bestimmte zulässige Transformationen eindeutig erfolgt. Das Eindeutigkeitstheorem legt die Zulässigkeit der Transformation fest und definiert somit verschiedene Skalentypen. Numerische Aussagen sind nun nur dann empirisch bedeutsam, wenn die zulässigen Transformationen nichts an ihrer Richtigkeit (oder Falschheit) ändern. So ist die Aussage über die Gleichheit zweier arithmetischer Mittel dann nicht bedeutsam, wenn die Zuordnung der Zahlen eindeutig bis auf eine monoton aufsteigende Transformation ist (Ordinalskala). Diese Aussage ergibt sich, weil zwei gleich große Mittelwerte nicht mehr gleich groß sind, wenn die Werte, aus denen sie gebildet wurden, monoton transformiert wurden.

Ohne eine formalisierte Meßtheorie kann man nicht entscheiden, welches Skalenniveau vorliegt. Deshalb ist es am sichersten, das niedrigste Niveau einer Ordinalskala anzunehmen. Dieser Empfehlung kann man bei der Durchführung eines Randomisierungstests Rechnung tragen. Statt der Mittelwertsdifferenz kann die Differenz zwischen den Medianen als Teststatistik gewählt werden. Der Wahrheitswert der Behauptung, zwei Mediane seien gleich, bleibt unter jeder monoton aufsteigenden Transformation erhalten. Damit ist die experimentelle Psychologie gegenüber der nicht-experimentellen Forschung in einem großen Vorteil: Bei der Wahl einer geeigneten Teststatistik bedarf jene im Unterschied zu dieser nicht der Annahme einer Intervallskala. Eine andere Möglichkeit, diesen Vorteil zu nutzen, besteht darin, die Werte der abhängigen Variablen in Ränge zu transformieren und je nach Situation einen U-Test, H-Test, χ^2_r-Test oder Wilcoxon-Test (vgl. *Lienert* (1973) durchzuführen. Diese Tests sind Randomisierungstests, und ihre Anwendung ist somit auf experimentelle Daten eingeschränkt.

Beispiel B: Jede Vp sei unter zwei verschiedenen Bedingungen je einmal geprüft worden. Die Reihenfolge der Bedingungen wurde für jede Vp zufällig gestaltet. Wenn n Versuchspersonen am Experiment teilgenommen haben, sind $(2!)^n$ Aufteilungen möglich. Zur Prüfung der Nullhypothese, daß kein Behandlungseffekt vorliegt, verfährt man so, wie es eben geschildert wurde.

Randomisierungstests erfordern einen unerhörten Rechenaufwand. Dies hat auch *Edgington* (1969) gesehen. Deshalb hat er Computer-Programme für einige exakte und approximative Randomisierungstests erstellt (*Edgington* und *Strain* 1973). Approximative Randomisierungstests basieren auf einer Zufallsstichprobe aus allen möglichen Aufteilungen.

Ad (3)

In der Untersuchung von *Festinger* und *Carlsmith* (1959) wird die statistische Alternativhypothese (H_1) eines einseitigen Tests impliziert. Man muß also auf das Zutreffen ihrer Negation, der statistischen Nullhypothese (H_o), erkennen können, wenn die psychologische Hypothese falsifizierbar sein soll. Dies aber ist nur möglich, wenn neben der Wahrscheinlichkeit für die fälschliche Ablehnung der Nullhypothese (α) auch die Wahrscheinlichkeit für ihre fälschliche Beibehaltung (β) klein ist. In der in der Psychologie vorherrschenden Testpraxis ist diese Wahrscheinlichkeit unbekannt, so daß Autoren von Statistik-Lehrbüchern empfehlen, kein Urteil über das Zutreffen der H_o abzugeben, wenn diese nicht zurückgewiesen werden konnte (*Hays* 1963). Diese Ansicht geht auf den englischen Statistiker *R. A. Fisher* (1949) zurück, der sich wie folgt ausdrückt: "The null hypothesis is never proved or established, but is possibly disproved, in the course of experimentation" (*Fisher* 1949, S. 16, zitiert nach *Binder* 1963). Im Rahmen einer deduktivistischen Theorie ist eine solche Auffassung jedoch nicht haltbar. Sofern H_1 durch die psychologische Hypothese impliziert wird, wäre diese gegen jede Falsifikation abgeschirmt (vgl. *Bredenkamp* 1969a), wenn keine Entscheidung über das Zutreffen von H_o möglich ist. Daß *Fisher* die zitierte Auffassung vertritt, ist sicherlich kein Zufall. In seinen Schriften findet sich kein Hinweis auf das Problem der Kontrolle des β-Fehlers (vgl. *Neyman* 1967). Vermutlich liegt das daran, daß *Fisher* der geistige Vater des Randomisierungstests ist, für den es nach Kenntnis des Vf. keine Möglichkeit gibt, *vor* der Durchführung des Experiments β zu kontrollieren. So ist es auch nicht verwunderlich, daß *Edgington* (1969) sich zu dieser Frage nicht äußert.

Deutlich wird das Problem der Apriori-Festsetzung von β beim Randomisierungstest, wenn man zunächst einmal von der Annahme ausgeht, es seien aus zwei normalverteilten Populationen Stichproben gezogen worden. Wie groß muß der Stichprobenumfang n sein, damit z. B. bei einem einseitigen Test $\alpha \leq 0.05$ und $\beta \leq 0.05$ sind? Diese Frage läßt sich beantworten, wenn festgelegt wird, wie groß der experimentelle Effekt sein soll, der mit einer minimalen Wahrscheinlichkeit von $1\text{-}\beta = 0.95$ zu entdecken ist. Wird die Effektgröße als Anteil der Varianz, der auf die experimentellen Bedingungen zurückführbar ist, an der Gesamtvarianz ausgedrückt (ω^2), so läßt sich errechnen, daß unter jeder Bedingung $n = \frac{(z\alpha + z\beta)^2 \, (1\text{-}\omega^2)}{2\omega^2}$ Vpn benötigt werden. Soll ω^2 also 0.10 betragen, so sind 2n = 2x49 Vpn notwendig (vgl. *Bredenkamp* 1969a). $z\alpha$ und $z\beta$ geben in der Einheitsnormalverteilung die Werte an, die größer als $100(1\text{-}\alpha)\%$ bzw. $100\beta\%$ aller z-Werte sind. Somit ist im gewählten Beispiel $z\alpha = z\beta = 1.64$.

Die obige Formel für n zeigt, daß die Verteilung der Teststatistik (in diesem Fall z) bekannt sein muß, damit n schon vor dem Experiment errechnet werden kann. Diese Festlegung ist bei einem Randomisierungstest, der keinerlei Annahmen über die Verteilung der Teststatistik macht, nicht möglich.

Ist damit das Konzept des Randomisierungstests im Rahmen des deduktivistischen Modells nicht akzeptabel? Der Randomisierungstest ermöglicht die statistische Prüfung von Hypothesen, ohne daß Zufallsstichproben gezogen werden müssen. Dies ist eine wichtige Eigenschaft im Rahmen einer deduktivistischen Theorie, wie betont wurde. Genauso wichtig ist es aber, ein Experiment so zu planen, daß β von vornherein klein ist.

Die Lage ist nicht so verzwickt, wie es den Anschein hat. Wenn randomisiert worden ist, dann ist ein parametrischer Test als rechnerische Vereinfachung eines Randomisierungstests zu interpretieren, der als Teststatistik Mittelwertsdifferenzen oder Varianzbrüche benutzt. So hat z.B. *McHugh* (1963) gezeigt, daß bei zwei abhängigen Stichproben die t-Verteilung mit der Verteilung der Teststatistik des Randomisierungstests sehr gut übereinstimmt, die wie t errechnet wurde. Beide Tests führen also zu übereinstimmenden Resultaten.

Baker und *Collier* (1966, 1968) haben Gleiches für komplexere varianzanalytische Versuchspläne gezeigt. Ihre Arbeiten sind besonders wichtig. Der Schluß von einigen Übereinstimmungen zwischen beiden Teststatistiken auf die Folgerung, daß somit beide Tests immer übereinstimmen, ist problematisch. Wichtig ist es, die Annahmen des parametrischen Tests absichtlich nicht zu erfüllen und zu prüfen, ob jetzt noch eine Übereinstimmung mit dem Randomisierungstest gegeben ist. Dies ist nach den Ergebnissen von *Baker* und *Collier* weitgehend der Fall, wobei diese Aussage nicht nur für α, sondern auch für das aposteriori ausgerechnete β gilt. Allerdings ist zu berücksichtigen, daß bei gravierenden Verletzungen der Verteilungsannahmen parametrischer Tests Prüfverfahren, die nur Ranginformationen nutzen, bestehende Effekte mit größerer Wahrscheinlichkeit aufdecken (*Lienert* 1973, *Engelhardt* 1977). Später wird besprochen, wie man für diese Tests apriori den Stichprobenumfang festlegen kann.

Die hier vertretene Position soll noch einmal dargelegt werden. Das Modell eines Randomisierungstests wird dem einer Hypothesenprüfung, die Zufallsstichproben aus unendlichen normalverteilten Populationen voraussetzt, vorgezogen. Um den Test rechnerisch und mit apriori fixierter Teststärke $1\text{-}\beta$ durchführen zu können, wird bei nicht zu kleinem n auf die Ähnlichkeit zwischen der Verteilung der parametrischen Teststatistik und der entsprechenden Teststatistik eines Randomisierungstests gebaut; ist n sehr klein, so läßt sich immer ein Datensatz finden, für den H_0 zwar mittels eines t-Tests, nicht jedoch durch einen Randomisierungstest zurückzuweisen ist (*Alf* und *Abraham* 1972). Das Ergebnis der tatsächlichen Signifikanzprüfung mit Hilfe einer parametrischen Teststatistik wird *nicht* auf eine Population verallgemeinert, sondern nur für die am Experiment beteiligten Vpn als gültig angesehen. *Kempthorne* (1973) hat ein Buch über Versuchsplanung und -auswertung geschrieben, das wesentlich auf diesen Voraussetzungen aufbaut (s.S. 152f). Will man aus meßtheoretischen Erwägungen die Werte der AV in Ränge transformieren, gilt eine entsprechende Übereinstimmung zwischen der Teststatistik des Randomisierungstests und der χ^2-Verteilung (vgl. *Engelhardt* 1977).

Die Bedeutung der Aussage, daß sich für kleine Stichprobenumfänge immer ein Datensatz finden läßt, für den H_0 zwar durch den t-, jedoch nicht durch den Randomisierungstest zurückgewiesen werden kann, sollte für die geschilderte Position nicht überbewertet werden. Das Beispiel von *Alf* und *Abrahams* (1972) bezieht sich auf einen t-Test für zwei abhängige Stichproben bei $n = 2$. Da in diesem Fall nur vier verschiedene Differenzen auftreten können, läßt sich die Nullhypothese durch den Randomisierungstest natürlich bei keinem Datensatz auf dem Niveau $\alpha = 0.05$ zurückweisen. Randomisierungstest und parametrischer Test können, wenn etwa $\alpha = 0.05$ gesetzt wird, selbstverständlich erst dann äquivalent sein, wenn die Anzahl aller möglichen Permutationen, multipliziert mit α, mindestens 1 beträgt. Das aber ist in dem Beispiel von *Alf* und *Abrahams* (1972) nicht der Fall gewesen.

Es ergeben sich nun noch zwei Fragen. Die erste ist die nach der Effektgröße, die mit einer großen Wahrscheinlichkeit $1-\beta$ als signifikant entdeckt werden soll. Wie groß soll sie gewählt werden? Mancher Psychologe wird sich durch die Schwierigkeit bei der Beantwortung dieser Frage davon abhalten lassen, im deduktivistischen Sinne Hypothesen zu testen. Allerdings löst er das Problem dadurch nicht, sondern er verschärft es. Für den Fall nämlich, daß H_0 falsch ist, ist er durch die unreflektierte Wahl von n auf eine Effektgröße *festgelegt worden*, die sich mit einer bestimmten Wahrscheinlichkeit entdecken läßt. Dadurch wird die Kritisierbarkeit seines Vorgehens und die Replizierbarkeit seiner Ergebnisse erschwert (vgl. *Bredenkamp* 1969a). Legt er jedoch die Effektgröße fest, so ist sein Vorgehen durchschaubar, und die Festlegung ist kritisierbar.

Die letzte in diesem Abschnitt zu besprechende Frage lautet: Zwar kann festgelegt werden, daß β nicht größer als ein kleiner Wert (z.B. 0.05) werden soll, wenn der Effekt eine bestimmte Größe hat. Wie aber kann ich wissen, daß der Parameter ω^2 auch wirklich so groß ist, daß beim Eintreffen des Ergebnisses, welches zur Annahme der H_0 führen soll, kein Fehler begangen wird, dessen Wahrscheinlichkeit größer als 0.05 ist? Dies kann man nicht wissen. Allerdings wird in diesem Fall ja von einem so kleinen Effekt ausgegangen, daß die Annahme der H_0 empfohlen werden kann. Da im übrigen ein Test zur Falsifikation nicht ausreicht, läßt sich dieses Problem entschärfen (vgl. Abschnitt III, 3.2).

Zusammengefaßt lassen sich die Folgeprobleme bei der Prüfung von Allaussagen folgendermaßen lösen: Es wird eine implikative Verbindung zwischen Allsatz und der statistischen Hypothese eines Signifikanztests konstruiert. Unter Zugrundelegung einer Verteilungsannahme wird der Stichprobenumfang vor dem Experiment derart festgelegt, daß mit großer Wahrscheinlichkeit das Vorliegen einer bestimmten Effektgröße entdeckt werden kann. Das Ergebnis des Versuches wird nur für die Vpn als gültig angesehen, die am Experiment teilgenommen haben. Ist das Ergebnis die Annahme der logischen Negation der implizierten statistischen Hypothese, so liegt eine notwendige Bedingung für die Falsifikation des Allsatzes vor; anderenfalls konnte seine Falschheit nicht demonstriert werden.

3.1.1.1 Zur Frage der Validität des statistischen Schlusses

Im Rahmen der deduktivistischen Theorie ist ein statistischer Test dann valide, wenn er die eben spezifizierten Voraussetzungen erfüllt: α, β und die Effektgröße müssen vor dem Experiment festgelegt worden sein, so daß auch der benötigte Stichprobenumfang vor dem Experiment geschätzt werden kann. Weiterhin muß dafür Sorge getragen werden, daß es in komplexen Versuchsanordnungen durch die Inflation von Signifikanztests nicht zu einer Kumulation der Fehlerwahrscheinlichkeiten kommt. In Kapitel V gehen wir hauptsächlich darauf ein, wie diese Forderungen zu erreichen sind. Schon jetzt ist darauf hinzuweisen, daß das benötigte n sich beträchtlich verringern kann, wenn Strategien zur Kontrolle der zufälligen Fehler angewendet werden. Zufällige Fehler entstehen infolge der Randomisierung. Sie ermöglicht nicht nur die Durchführung von Randomisierungstests bzw. die Interpretation parametrischer Verfahren als rechnerische Vereinfachungen dieser Tests, sondern verhindert auch die Konfundierung von Person-Merkmalen mit der UV (vgl. Abschnitt III, 3.2). Infolge dieser Kontrolle entsteht aber eine Variation der AV *innerhalb* der experimentellen Bedingungen, die durch unsystematische zufällige Fehler zustande kommt. Auf eine Verringerung dieser Streuung zielen viele Kontrolltechniken (vgl. Abschnitt V, 3), die im Dienste der Präzisionssteigerung und damit der Verringerung der statistischen Fehlerwahrscheinlichkeit β stehen (vgl. *Bredenkamp* 1969, *Stanley* 1973).

Die Wahrscheinlichkeit β hängt auch davon ab, ob einseitig oder zweiseitig getestet wird. Einseitige Tests dürften immer dann gefordert sein, wenn die H_1 durch die psychologische Hypothese impliziert wird. Dies ist z.B. bei *Festinger* und *Carlsmith* (1959) der Fall gewesen; dennoch wurde zweiseitig getestet. Insofern ist das statistische Verfahren also nicht valide gewesen. Zweiseitige Tests sind gefordert, wenn H_0 durch die psychologische Hypothese impliziert wird, da ihr Abweichungen in beiden Richtungen ($\mu_1 < \mu_2$; $\mu_1 > \mu_2$) widersprechen.

Das geschilderte statistische Vorgehen sieht die Apriori-Festlegung von α, β und der Effektgröße vor. Nun ist zunehmend häufig zu beobachten, daß ohne Apriori-Festlegung von β und Effektgröße Hypothesen statistisch geprüft werden, zusätzlich aber noch die Effektgröße aposteriori aus den Daten geschätzt wird. Dieses Vorgehen wird in der Literatur auch empfohlen (*Craig* et al 1976), und verschiedene Artikel geben für univariate (vgl. dazu Abschnitt V, 3.1 und V, 3.2) und multivariate Experimente (vgl. dazu Abschnitt V, 3.3) die notwendigen Schätzformeln an. Eine solche Vorgehensweise ist sicherlich ein Fortschritt gegenüber dem bloßen Signifikanztesten, reicht allerdings im Rahmen einer deduktivistischen Theorie des Experiments nicht aus, da hier gefordert ist, H_0 annehmen zu können; dies aber ist nur möglich, wenn apriori die Effektgröße fixiert wird. Immerhin kann die Aposteriori-Schätzung der Effektgröße Hinweise dafür liefern, wie groß in späteren Experimenten, in denen die psychologische Hypothese auch der Gefahr des Scheiterns ausgesetzt wird, die Effektgröße realistisch apriori festgelegt werden sollte. In diesem Sinne wären Experimente mit nachträglichen Effektgrößenschätzungen als Vorläufer zu Entscheidungsexperimenten zu betrachten. Allerdings darf die Publikation solcher "Vorläufer" nicht vom erreichten Signifikanzniveau oder der Effektgröße abhängig gemacht werden, wie dies auch in jüngster Zeit noch zu beobachten ist (vgl. *Greenwald* 1975), trotz mehrfacher Hinweise dafür, wie falsch diese Praxis ist. Wenn nur die signifikanten Resultate publiziert werden und in neuerer Zeit nur große Effekte veröffentlicht werden sollten, würde ein völlig falsches Bild entstehen, und den Publikationen könnte nicht entnommen werden, wie groß die Effektgröße in einem Entscheidungsexperiment gewählt werden soll (vgl. auch *Lane* und *Dunlap* 1978).

Die Wichtigkeit der Validität des statistischen Schlusses kann nicht überbewertet werden. Leider ist es so, daß in der Psychologie mit wenigen Ausnahmen nicht auf die Statistik verzichtet werden kann.

3.1.1.2 Die Bedeutung disordinaler Interaktionen für die Populationsvalidität

Häufig ist der Einwand zu hören, daß die in psychologischen Experimenten untersuchten Vpn nicht repräsentativ für die Zielpopulation seien und daß deshalb die Ergebnisse nicht verallgemeinert werden könnten. So befürchtet z.B. *Smart* (1966), daß die Ergebnisse von Experimenten zum verbalen Lernen mit studentischen Vpn nicht repräsentativ seien, da diese auf dem Höhepunkt ihrer intellektuellen Entwicklung stünden. Abgesehen von dem letzten Teil dieser Aussage, der mit gerontologischen Befunden nicht im Einklang steht (vgl. *Lehr* 1977), soll dieses Argument jetzt näher untersucht werden, da es in ähnlicher Form auch in anderen Zusammenhängen auftritt (vgl. Abschnitt IV). Dazu ist es zunächst notwendig zu definieren, was unter disordinalen und ordinalen Interaktionen zu verstehen ist. Gehen wir von der Situation aus, daß zwei unabhängige Variablen vorliegen. Ein Faktor A ist manipuliert worden, der andere Faktor B wurde selegiert. Z.B. kann es sich bei B um den Faktor Student/kein Student handeln. Beide Faktoren interagieren miteinander, wenn ein statistischer Test zeigt, daß die Größe der Mittelwertsdifferenz zwischen den experimentellen Behandlungen abhängig ist von der Stufe des zweiten Faktors. So liegen in den Tab. 1a–1c sämtlich Interaktionen vor; Tab. 1d ist ein Beispiel für das Nichtvorliegen einer Interaktion, da unabhängig von der jeweiligen Modalität des B-Faktors die Mittelwertsdifferenz immer 3 beträgt.

Nun unterscheiden sich die Typen von Interaktionen. Dies läßt sich erkennen, wenn man zunächst innerhalb jeder Zeile die Mittelwerte in Ränge transformiert und die Rangfolgen miteinander vergleicht, *und* wenn dann innerhalb jeder Spalte die Ränge neu gebildet und ebenfalls miteinander verglichen werden. Die Interaktion in Tab. 1a wird eine ordinale Interaktion (vgl. *Bredenkamp* 1975a) genannt. Bringt man nämlich innerhalb jeder Zeile die Mittelwerte in eine Rangreihe, so zeigt sich, daß in jeder Zeile dieselbe Rangfolge der Mittelwerte vorliegt; dasselbe gilt, wenn innerhalb der Spalten die Ränge der Mittelwerte gebildet werden. Die Interaktion in Tab. 1b hat *Bredenkamp* (1975a) eine semidisordinale Interaktion genannt. Die Rangfolge der Mittelwerte bleibt über alle Spalten konstant, nicht jedoch über die Zeilen (es liegt Disordinalität für Faktor A und Ordinalität für Faktor B vor).

Schließlich ist die Interaktion in Tab. 1c disordinal: Die Rangplätze der Mittelwerte bleiben weder über die Zeilen noch Spalten konstant. Der hier vorgeschlagene Sprachgebrauch lehnt sich an das ursprüngliche Konzept von *Lindquist* (1953) an und weicht etwas von dem in der neueren Literatur (z.B. *Bracht* und *Glass* 1968) ab, hat aber u.E. einen bestimmten Vorteil (s.u.).

Tab. 1: Typen von Interaktionen
Die Werte in den Zellen geben die Mittelwerte an

	A_1	A_2		A_1	A_2		A_1	A_2		A_1	A_2
B_1	7	10	B_1	7	10	B_1	7	10	B_1	7	10
B_2	2	3	B_2	5	2	B_2	8	6	B_2	2	5
	(a)			(b)			(c)			(d)	
ordinal			semi-disordinal			disordinal			keine Interaktion		

Nimmt man nun an, daß B_1 die Stufe "Student", B_2 die Stufe "kein Student" ist, so wird folgendes deutlich: Nur bei bestimmten semi-disordinalen und disordinalen

Interaktionen wird ein experimenteller Effekt, der an Studenten erzielt worden ist, bei nicht-studentischen Vpn nicht reproduziert. Solche Typen von Interaktionen sind jedoch bisher selten aufgefunden worden (vgl. *Bracht* 1970). Auf das Argument von *Smart* (1966) bezogen kann man sie jedoch gar nicht erst finden, wenn niemals nicht-studentische Vpn in die Untersuchungen einbezogen werden. Geschieht dies und wird eine (semi-)disordinale Interaktion gefunden, so liegt eine notwendige Bedingung für die Falsifikation der Hypothese vor, die Mittelwertsunterschiede zugunsten A_2 impliziert. Läßt sich dieses Ergebnis wiederholen, so müßte eine neue Hypothese konstruiert werden, die es erklärt.

Es sei noch kurz die Bedeutung der Unterscheidung zwischen ordinalen und (semi-) disordinalen Interaktionen unter einem anderen Gesichtspunkt hervorgehoben. Meistens stehen die Variablen einer Untersuchung als Repräsentanten für theoretisch angenommene Prozesse, und ohne eine formalisierte Meßtheorie liegt keine Berechtigung vor, eine andere als die monoton aufsteigende Funktion als Verbindung der empirischen Variablen mit der theoretisch gemeinten anzunehmen (sog. Ordinalskala). Nur disordinale Interaktionen und der disordinale Teil einer semi-disordinalen Interaktion bleiben bei monotonen Datentransformationen, die bei Ordinalskalen zulässig sind, mit Sicherheit bestehen (vgl. *Huck* und *Sutton* 1975, *Loftus* 1978), während ordinale Interaktionen möglicherweise "wegtransformiert" werden können. (Semi-) disordinale Interaktionen sind also auch unter diesem Gesichtspunkt interpretierbar und bilden eine notwendige Voraussetzung für die Falsifikation einer allgemeinen Hypothese; ordinale Interaktionen schränken die Interpretierbarkeit eines Haupteffekts nicht ein (s. o.).

Bisher ist die Diskussion in zweierlei Hinsicht vereinfacht worden. Wir sind von einem Versuchsplan mit nur vier Zellen ausgegangen. Das Konzept der ordinalen und (semi-)disordinalen Interaktion läßt sich jedoch leicht auf mehr als 4 Zellen verallgemeinern. Darauf gehen wir hier nicht ein, da der Leser selbst imstande sein wird, den Definitionen entsprechend diese Verallgemeinerung vorzunehmen. Eine zweite Vereinfachung liegt darin, daß bisher davon abgesehen wurde, daß der statistische Test zur Prüfung einer Interaktionshypothese nichts darüber aussagt, welcher Typ von Interaktion vorliegt, wenn die Nullhypothese verworfen wurde. Eine statistische Beurteilung des Interaktionstyps ist aber wichtig, da eine bloße Inspektion der Mittelwerte nicht genügt. Diese sind mit unbekannten Fehlern behaftet, die sich auf die Rangfolge auswirken können. Für den Vierfelder-Fall haben *Bracht* und *Glass* (1968) ein einfaches Verfahren vorgeschlagen. Ihren Vorschlag etwas modifizierend könnte man wie folgt verfahren. Wenn die Interaktion signifikant geworden ist, werden einseitige t-Tests innerhalb von B_1 und B_2 durchgeführt. Läßt sich beide Male die H_o ($\mu(A_1) \leq \mu(A_2)$) verwerfen, liegt Ordinalität für den A-Faktor vor: die Reihenfolge der Mittelwerte ist für die beiden Stufen von B dieselbe. Wird H_o einmal verworfen und einmal nicht, liegt Disordinalität für A vor. Das geschilderte Vorgehen schließt absichtlich den Fall $\mu(A_1) = \mu(A_2)$ bei B_1 und $\mu(A_1) > \mu(A_2)$ bei B_2 als Disordinalität für Faktor A ein, da in diesem Fall die Rangfolge nicht für alle Stufen von B dieselbe ist; *Bracht* und *Glass* (1968) würden dies als ordinale Interaktion bezeichnen. Dieser Fall von Disordinalität für Faktor A kann auch vorliegen, wenn in beiden Prüfungen die Hypothese $\mu(A_1) \leq \mu(A_2)$ beibehalten wird. Wenn dies zutrifft, sollten zusätzlich die beiden Nullhypothesen $\mu(A_1) \geq \mu(A_2)$ getestet werden. Wenn sie in beiden Fällen zurückgewiesen werden können, ist die Interaktion für Faktor A ordinal; ist die Zurückweisung nur in einem Fall möglich, liegt eine für Faktor A disordinale Interaktion vor.

Eine statistische Lösung für komplexere Fälle ist u.W. bisher nicht gefunden worden. Wir werden deshalb hier einige Möglichkeiten darstellen.

Bevor wir jedoch darauf eingehen, seien drei Versuchssituationen unterschieden. Diese Unterscheidung hat den Vorteil, daß die Anzahl der Fälle, in denen über den Typ der Interaktion entschieden werden muß, erheblich reduziert wird.

(1) Die experimentelle Hypothese ermöglicht die Vorhersage einer ordinalen bzw. (semi-) disordinalen Interaktion; letzteres ist in der Untersuchung von *Paivio* und *Csapo* (1969, vgl. Abschnitt II) der Fall. In dieser Situation dürfte es immer möglich sein, die Relation der einfachen Haupteffekte zueinander vorherzusagen, z.B. $\mu_{A_1(B_1)} = \mu_{A_2(B_1)}$ und $\mu_{A_1(B_2)} < \mu_{A_2(B_2)}$. Es sollten von vornherein diese Hypothesen einfacher Haupteffekte *ohne* jeden Interaktionstest geprüft werden. Die Tests der einfachen Haupteffekte sind linear unabhängig (orthogonal). Das Prüfen dieser Hypothesen *im Anschluß an die Aufdeckung einer Interaktion* ist von *Levin* und *Marascuilo* (1972, 1973) als fehlerhaft bezeichnet worden. In terminis des statistischen Strukturmodells prüft nämlich der Interaktionstest die Hypothese, daß alle Interaktionseffekte Null sind, während der Test eines einfachen Haupteffekts prüft, ob die Haupteffekte eines Faktors *und* die Interaktionseffekte Null sind. Die Tests der einfachen Haupteffekte prüfen also eine ganz andere Hypothese als der Interaktionstest, in dessen Anschluß sie durchgeführt werden. Zwar kann dieser Fehler vermieden werden, wenn die Zellenmittelwerte korrigiert werden (*Bernhardson* 1973); man erhält dann jedoch Informationen, die selten die erwünschten sind.

Wenn A und B fixierte Faktoren sind, sollte also in dieser Situation statt des üblichen Strukturmodells $Y_{ijk} = \mu + \alpha_j + \beta_k + \alpha\beta_{jk} + e_{ijk}$ folgendes Modell verwendet werden: $Y_{ijk} = \mu + \alpha_{j(k)} + \beta_k + e_{ijk}$, wobei $\alpha_{j(k)}$ der Effekt von Faktor A auf der j-ten Stufe innerhalb der k-ten Modalität von B ist.

(2) Genau wie beschrieben sollte in einer Situation verfahren werden, in der die Interaktion nicht vorhergesagt wird, jedoch einfache Haupteffekte getestet werden sollen, falls sie vorliegt. Diese Situation dürfte häufig in der aptitude-treatment-interaction-Forschung (ATI-Forschung) vorliegen (vgl. *Schwarzer* und *Steinhagen* (1975, vgl. auch S. 16), aber auch in unserem Ausgangsbeispiel mit studentischen und nichtstudentischen Vpn. Hier *interessiert*, ob (einfache) Effekte in gleicher Richtung vorliegen. Stellt man mittels Tests zur Prüfung einfacher Effekte fest, daß dies nicht der Fall ist, und ist dieses Ergebnis wiederholbar, muß eine Hypothese erdacht werden, die dieses Ergebnis erklärt (vgl. Abschnitt III, 1).

(3) Die dritte Situation ist dadurch gekennzeichnet, daß der Nachweis einer (semi-) disordinalen Interaktion ohne weitere Anschlußtests ausreicht, um ein Ergebnis erhalten zu haben, das der vorgeordneten Hypothese nicht entspricht. Dies dürfte z.B. immer dann der Fall sein, wenn Vpn wiederholt unter allen experimentellen Bedingungen getestet worden sind, ohne daß sie nach bestimmten Merkmalen (wie Student / kein Student) gruppiert wurden; denn der vorgeordnete Allsatz behauptet ja für jede Vp die gleiche Relation zwischen UV und AV.

Hier liegt die Notwendigkeit für die Überprüfung des Typs der Interaktion vor. Wie ist diese vorzunehmen?

Zunächst sei folgendes festgestellt: Der statistische Nachweis einer Interaktion ist zwar unabhängig vom Nachweis eines Haupteffekts; diese Unabhängigkeit gilt jedoch nicht, wenn eine Entscheidung über den *Typ* der Interaktion getroffen werden soll. Wenn für Faktor A kein Haupteffekt festgestellt werden kann, so folgt, daß die signifikante AxB-Interaktion für Faktor A disordinal sein muß. Der Nachweis der Insignifikanz von A und der Signifikanz von AxB ist also gleichbedeutend mit der Aufdeckung der Disordinalität für A. Problematisch ist die Entscheidung nur dann, wenn wenigstens ein Haupteffekt (z.B. für A) und die Interaktion signifikant sind; in diesem Fall kann

Ordinalität oder Disordinalität für A bestehen.

Tab. 2 verdeutlicht diese Beziehungen. Allerdings ist sie wenig hilfreich; denn oftmals wünscht man ja gerade dann zu wissen, welcher Interaktionstyp vorliegt, wenn wenigstens einer der Haupteffekte signifikant ist.

Deshalb sollen im folgenden Verfahren vorgestellt werden, die diese Entscheidung erlauben, wenn Tab. 2 nicht weiter hilft.

Tab. 2: Typ der Interaktion als Funktion der Ergebnisse der Signifikanzprüfungen (+ bedeutet Signifikanz, – bedeutet Insignifikanz)

AxB	A	B	Typ der Interaktion
+	–	–	disordinal
+	+	–	Disordinalität für B; Frage der Ordinalität für A nicht entscheidbar
+	–	+	Disordinalität für A; Frage der Ordinalität für B nicht entscheidbar
+	+	+	nicht entscheidbar

Folgende Situationen sollen besprochen werden:

1) Jede Vp ist wenigstens einmal unter allen Modalitäten des experimentellen Faktors A beobachtet worden, und die Reihenfolge der Bedingungen wurde für jede Vp zufällig gestaltet; oder die nach einem Parallelisierungskriterium zu einem Block gehörenden Vpn wurden den experimentellen Bedingungen zufällig zugeteilt. Es interessiert, ob die Interaktion zwischen dem Faktor A und den Vpn (Blöcken) für A ordinal ist, oder ob bestimmte Teile dieser Interaktion ordinal sind. Folgende Unterscheidungen sind wichtig:

1.1) Der experimentelle Faktor hat nur a=2 Modalitäten

1.2) Der experimentelle Faktor hat mehr als zwei Modalitäten, und es soll bestimmt werden, ob

1.2.1) für diesen Faktor die Interaktion mit den Vpn bzw. Blöcken ordinal ist,

1.2.2) die lineare Interaktion ordinal ist (diese Fragestellung setzt einen quantitativ gestuften experimentellen Faktor voraus),

1.2.3) die monotone Interaktion ordinal ist (diese Fragestellung setzt ebenfalls einen quantitativ gestuften experimentellen Faktor voraus).

2) Es liegt ein experimenteller Faktor A mit abhängigen oder unabhängigen Messungen vor; außerdem liegt im Unterschied zur ersten Situation ein zweiter Faktor B vor, der ebenfalls ein experimenteller Faktor oder ein Klassifikationsfaktor sein kann. Es lassen sich für Faktor A dieselben Fragen wie oben stellen, nur daß sie sich auf die Interaktion mit dem Faktor B beziehen. Sind A und B experimentelle Faktoren mit unabhängigen Messungen, so gibt es auch Lösungswege zur Beantwortung der auf Faktor B bezogenen Fragen.

Ad 1) In diesem Fall läßt sich die Interaktion nicht auf Signifikanz prüfen, wenn die Vpn nur einmal unter jeder Bedingung beobachtet wurden. Liegt dieser Fall vor, so prüfen die darzustellenden Verfahren, ob die Interaktion für Faktor A ordinal *oder* Null ist. Selbstverständlich sollten laut Tab. 2 die Verfahren nur eingesetzt werden, wenn der entsprechende Haupteffekt signifikant ist. Ist die Interaktion auf Signifikanz prüfbar, so werden die darzustellenden Verfahren nur angewendet, falls sie statistisch bedeutsam ist und in allen Zellen gleich viele Meßwerte vorliegen. In diesem Fall prüfen die Tests, ob für Faktor A die Interaktion ordinal ist.

Ad 1.1) Unter der Nullhypothese, daß kein experimenteller Effekt vorliegt, sind für jede Vp bzw. für jeden Block beide Rangfolgen (1 2 oder 2 1) der Meß- bzw. Mittelwerte gleich wahrscheinlich; falls Rangbindungen außer acht gelassen werden, beträgt die Wahrscheinlichkeit für eine bestimmte Rangfolge also p = 1/2. Wenn Rangbindungen, die selten auftreten sollten, abwechselnd wie eine Rangreihe 1 2 bzw. 2 1 behandelt werden, beträgt die Wahrscheinlichkeit dafür, daß wenigstens x Rangreihen 1 2 *oder* daß wenigstens x Reihen 2 1 lauten:

$$pr = 2 \sum_{x}^{b} \binom{b}{x} \left(\frac{1}{2}\right)^{b},$$

wobei b die Anzahl der Vpn oder Blöcke wiedergibt.

Bei diesem Verfahren handelt es sich um einen Test, für den die z. B. bei *Lienert* (1975, S. 1) tabellierten Wahrscheinlichkeitswerte verdoppelt werden müssen. So ergibt sich etwa, daß die Wahrscheinlichkeit für wenigstens 9 gleiche Rangreihen bei b=10 pr=2 · 0.011=0.022 beträgt. Diese Wahrscheinlichkeit ist so gering, daß auf Ordinalität des Faktors A (bzw. auf eine Null-Interaktion) erkannt wird. Ist pr größer als das vereinbarte Signifikanzniveau, so wird auf Disordinalität erkannt.

Um die Bestimmung des Interaktionstypes zu erleichtern, wurde Tab. 3 konstruiert. Sie gibt die minimal erforderliche Anzahl (x) gleicher Rangreihen für $6 \leq b \leq 25$ an, damit von einer ordinalen Interaktion für Faktor A mit zwei Modalitäten gesprochen werden kann; das vereinbarte Signifikanzniveau beträgt $\alpha = 0.05$ (x' interessiert an dieser Stelle noch nicht).

Tab. 3 Minimal erforderliche Anzahl gleicher Rangreihen (x) für Ordinalität des Faktors A ($\alpha = 0.05$) und der linearen Interaktion (x') ($\alpha = 0.05$)

b	5	6	7	8	9	10	11	12	13	14	15
x		6	7	8	8	9	10	10	11	12	12
x'	5	6	7	7	8	9	9	10	10	11	12
b		16	17	18	19	20	21	22	23	24	25
x		13	13	14	15	15	16	17	17	18	18
x'		12	13	13	14	15	15	16	16	17	18

Zu dem dargestellten Verfahren ist noch zu bemerken, daß die Disordinalitätshypothese mit der statistischen Nullhypothese p = 1/2 gleichgesetzt wurde, während die Alternativhypothese $p > 1/2$ der Ordinalitätshypothese entspricht. Sicherlich sind diese Voraussetzungen nicht ideal. Wie aber Tab. 3 vermuten läßt, muß die Wahrscheinlichkeit schon sehr von 1/2 abweichen, damit für $b \leq 25$ mit großer Teststärke auf das Zutreffen der Ordinalitätshypothese erkannt wird. Man kann also davon ausgehen, daß nur große Abweichungen von p = 1/2 auch entdeckt werden, was in diesem Fall durchaus wünschenswert ist.

Da bei $b < 6$ unter der Nullhypothese kein Ereignis eine Wahrscheinlichkeit aufweisen kann, die geringer als 0.05 ist, muß auf die Durchführung eines Signifikanztests verzichtet werden. In diesem Fall sollte nur auf Ordinalität der Interaktion erkannt werden, wenn alle Rangreihen gleich sind.

Ad 1.2.1) In diesem Fall bietet sich der Konkordanzkoeffizient von *Kendall* (vgl. *Lienert* 1979) zur Beantwortung der Frage an, ob die Interaktion für Faktor A ordinal ist. Für jede Vp bzw. jeden Block werden die Meß- bzw. Mittelwerte in eine Rangreihe von 1 bis a gebracht, wobei a die Anzahl der Modalitäten des experimentellen Faktors A wiedergibt. Sind alle Rangreihen gleich, so ist der Konkordanzkoeffizient W = QS(A)/QS(total) = 1, wobei QS(A) die Quadratsumme der Ränge zwischen den experimentellen Bedingungen und QS (total) die gesamte Quadratsumme der Ränge ist. Je weniger die Rangreihen übereinstimmen, desto geringer wird W, dessen untere Grenze Null ist. *Friedmans* χ^2_r-Test (vgl. *Lienert* 1973) prüft, wie klein W werden darf, damit noch von einer überzufälligen Übereinstimmung der Rangreihen gesprochen werden kann, da sich zeigen läßt, daß

$$\chi^2_r = (a-1)\, b \cdot W$$

Man kann also auf die Berechnung von W ganz verzichten und einfach einen χ_r-Test durchführen (vgl. *Lienert* 1973). Nur bei a=3 und b=2 hat unter der Nullhypothese kein Ergebnis eine Wahrscheinlichkeit, die geringer als 0.05 ist. Bei $a \geq 3$ und/oder $b > 2$ tritt dieser Fall nicht auf. Die exakten und asymptotischen χ^2_r-Werte findet man bei *Lienert* (1975, 133 f) tabelliert.

Auch hier ist zu bemerken, daß die Disordinalitätshypothese mit der Nullhypothese W = 0 identifiziert wird, während die Ordinalitätshypothese der Hypothese $W > 0$ entspricht. Ideal ist diese Voraussetzung auch in diesem Fall nicht. So wird bei a=3 und b=20 schon ein W = 0.15 bei α = 0.05 statistisch bedeutsam. Allerdings entspricht dieses W doch einer so hohen Übereinstimmung, daß eine Interpretation der Haupteffekte gerechtfertigt erscheint. Ein parametrischer F-Test der Ausgangsdaten kann dagegen einen signifikanten Haupteffekt erbringen, wenn eine Übereinstimmung der Rangreihen vollkommen fehlt. Bei der Durchführung eines χ^2_r-Tests ist immer eine gewisse Übereinstimmung der Rangreihen notwendig, damit die Teststatistik den kritischen Wert übertrifft.

Ad 1.2.2) Die Frage, ob die lineare Interaktion zwischen dem experimentellen Faktor A und den Vpn bzw. Blöcken ordinal ist, soll folgendermaßen formuliert werden: Steigen (bzw. fallen) von den b Regressionslinien so viele, daß dieses Ergebnis nicht mehr mit der Nullhypothese vereinbar ist, nach der die Wahrscheinlichkeit für eine steigende (bzw. fallende) Regressionslinie 1/2 ist? Der Fall einer Regressionslinie mit der Steigung Null sollte selten sein; er wird so behandelt wie die Rangbindungen in 1.1.

Am einfachsten ist es, wenn für jede Vp bzw. jeden Block $\sum_{j=1}^{a} u_{1_j} y_{v_j}$ gebildet und als positiv oder negativ klassifiziert wird, wobei u_{1_j} die in Statistik-Büchern publizierten orthogonalen Koeffizienten für den linearen Trend sind (z. B. *Winer* 1971) und Y_{v_j} der Meß- oder Mittelwert der v-ten Person unter der j-ten Bedingung ist.

Hat der Experimentator nun die Hypothese eines linear *steigenden* Trends, so zählt er zunächst aus, wieviele der $\sum_j u_{1_j} Y_{v_j}$-Werte positiv sind. Wird die Zahl mit x' bezeichnet, so wird mittels eines einseitigen Binomialtests geprüft, ob x' genügend groß ist, um die Nullhypothese zurückweisen zu können. Die unteren Grenzen für diese Werte sind in Tab. 3 neben x' für α = 0.05 aufgeführt. Für $b < 5$ läßt sich kein Signifikanztest durchführen. Es sollte in diesem Fall nur auf Ordinalität erkannt werden, wenn alle Regressionslinien steigen (bzw. fallen, wenn sich die Hypothese auf einen linear fallenden Trend bezieht).

Die Anmerkungen zum Test unter 1.1 gelten auch hier. Weiter ist darauf hinzuweisen, daß ein parametrischer Test der Linearitätshypothese auch dann signifikant ausfallen kann – nur in diesem Fall sollte gemäß Tab. 2 die hier beschriebene Prüfung durchgeführt werden – wenn z.B. nur 50% aller Regressionslinien steigen.

Ad 1.2.3) Für die Fragestellung, ob die monotone Interaktion zwischen dem Faktor A und den Vpn bzw. Blöcken ordinal ist, bietet sich den Ausführungen unter 1.2.1 entsprechend ein einseitiger Binomialtest an, der die Hypothese prüft, daß die Auftrittswahrscheinlichkeit einer monoton steigenden (bzw. fallenden) Rangreihe 1/a! ist. Der Nachteil eines solchen Tests besteht jedoch darin, daß jede von der erwarteten Rangreihe abweichenden Reihe als gleichermaßen abweichend bewertet würde, obwohl es Unterschiede gibt. So weicht die Rangreihe 1 2 4 3 weniger von der erwarteten Reihe 1 2 3 4 ab als die Rangreihe 2 1 4 3. Außerdem wäre bei $a \geq 5$ die Auftrittswahrscheinlichkeit einer monotonen Rangreihe außerordentlich klein, und es könnte geschehen, daß die erwartete Rangreihe nur ein- oder zweimal auftreten muß, damit die Nullhypothese zurückgewiesen wird, während eine andere Rangreihe sehr häufig vertreten ist. Um diese Nachteile zu vermeiden, entscheiden wir uns in dieser Situation für den Trendtest nach *Page* (vgl. *Lienert* 1973, S. 357ff). Die Prüfstatistik dieses Tests ist wie folgt definiert:

$$L = \sum_{j=1}^{a} j\, T_j,$$

wobei T_j die Summe der Ränge unter der j-ten Versuchsbedingung ist und die Rangbildungen wie bei dem χ^2_r-Test innerhalb jeder Vp bzw. jedes Blockes von 1 bis a vorgenommen worden sind. Liegen b monoton steigende (bzw. fallende) Rangreihen vor, so erreicht L den maximal möglichen Wert. Der L-Test prüft, wie gering die durchschnittliche Korrelation zwischen der erwarteten und den beobachteten Reihenfolgen werden darf, damit noch eine genügend große Übereinstimmung gegeben ist. Die kritischen L-Werte sind für $\alpha = 0.05$ und $\alpha = 0.01$ bei *Lienert* (1975, S. 135) tabelliert.

Ad 2) Geht man davon aus, daß alle Zellen gleich häufig besetzt sind, so sind unter der Hypothese eines fehlenden Effekts von A alle a! Rangfolgen der A-Mittelwerte innerhalb jeder Modalität von B gleich wahrscheinlich, und es können für die einzelnen Fragestellungen die soeben beschriebenen Tests durchgeführt werden. Dies gilt unabhängig davon, ob für den Faktor A abhängige oder unabhängige Messungen vorliegen. Unter jeder Modalität von B werden Rangreihen der Mittelwerte von 1 bis a erstellt bzw. die $\sum_{j=1}^{a} u_{1_j} M_{ij}$-Werte berechnet, und es werden die besprochenen Tests durchgeführt. Vorauszusetzen ist, daß Rangbindungen selten auftreten (s.o.).

3.1.2 Populationsvalidität bei statistischen Populationsaussagen

Werden statistische Populationsaussagen als wissenschaftliche Hypothese formuliert, wie das in der differentiellen Psychologie und in der anwendungsbezogenen Forschung nicht selten ist, so läßt sich das Problem der Populationsvalidität nicht befriedigend lösen, sofern die Population offen ist. In diesem Fall ist nicht jede Vp (mit bestimmten Merkmalen) repräsentativ, da die Hypothese etwas über die Gleichheit oder Ungleichheit von Parametern aussagt, die nicht einzelne Personen, sondern ganze Populationen kennzeichnen.

Zwei Auswege aus dem Dilemma sind denkbar:

(1) Es wird versucht, eine implikative Verbindung zwischen einem deterministischen oder statistischen Allsatz und der Populationsaussage herzustellen. Dies erscheint bei Feldstudien und -experimenten denkbar, die eine aus der Theorie abgeleitete Aussage prüfen sollen. In diesem Fall würden bei einem Feldexperiment Probleme infolge der Lösung der Frage der Populationsvalidität anstehen, wie sie bereits besprochen wurden. Bei einer Feldstudie dagegen läge der Fall etwas anders, da keine Randomisierungstests durchführbar sind. Wenn aber der Populationsaussage ein Allsatz vorgeordnet ist, dann ist jede begrenzte Population von Personen, die zum Geltungsbereich der Hypothese gehören, repräsentativ. Aus einer begrenzten Population können Zufallsstichproben gezogen werden, die die Anwendung von Verfahren der beurteilenden Statistik ermöglichen.

(2) Der eben beschriebene Weg wird sich dann beschreiten lassen, wenn Felduntersuchungen im Dienste der Anwendungsüberprüfung einer Theorie stehen. Dies ist z.B. der Fall, wenn eine aus einer bewährten Theorie abgeleitete technologische Aussage geprüft wird (vgl. Abschnitt II). Diese Funktion sollten Felduntersuchungen vor allem haben. Laborexperiment und Felduntersuchung würden einander dann ergänzen und keine Alternativen sein.

Wenn nun Felduntersuchungen und Korrelationsstudien nicht diese Funktion haben, läßt sich der oben beschriebene Weg auch nicht beschreiten. Bei einer "theorienblind" betriebenen Feldforschung, der es allein auf die Lösung bestimmter praktischer Probleme ankommt (ist Lehrmethode A durchschnittlich effizienter als B?), ohne daß die zu prüfenden Hypothesen in eine bestimmte Theorie eingebettet sind, könnte vorgeschlagen werden, die statistische Hypothese auf *jede* begrenzte Population zu beziehen, deren Mitglieder über bestimmte Merkmale verfügen (z.B. Schüler der Jahrgänge 1968–1970 in der Orientierungsstufe). In diesem Fall lassen sich Zufallsstichproben ziehen, oder eine vorhandene Stichprobe läßt sich als Zufallsstichprobe aus einer hypothetischen Population, die für die Zielpopulation repräsentativ ist, auffassen. Durch die Formulierung der statistischen Hypothese für *alle* Populationen (mit bestimmten Merkmalen) läßt diese sich bei Vereinbarung bestimmter methodologischer Regeln (vgl. Abschnitt III, 3.1.1) falsifizieren.

3.2 Das Problem der Variablenvalidität

Dieses Problem läßt sich in die Frage kleiden: "Wie gut repräsentieren die Variablen einer Untersuchung das jeweils Gemeinte?" Versuche zur Validierung sollen im Rahmen einer deduktivistischen Theorie Scheinfalsifikationen und -bestätigungen verhindern, da psychologische Hypothesen sich meistens auf den Zusammenhang von Konstrukten beziehen, die operationalisiert werden müssen. Eine als Allsatz formulierte Hypothese behauptet, daß für alle i gilt: $p(B_i/A_i) = 1$ bzw. $p(B_i/A_i) = r$ $(r < 1)$. A ist hier die unabhängige, B die abhängige Variable. Zumindest vier Fehlerquellen sind denkbar, die die Interpretierbarkeit des Ergebnisses eines Prüfexperiments einschränken:

(1) Mit der unabhängigen Variablen A ist eine andere Variable konfundiert, die für die Variation von B verantwortlich ist. Es liegt also zum Schein eine Bestätigung der Ausgangshypothese vor, wenn B auftritt.

(2) Die "Durchschlagskraft" der unabhängigen Variablen ist so gering gewesen, daß kein Effekt auftrat. Eine andere Manipulation der UV hätte zum prognostizierten

Resultat geführt. Nimmt man das Ausbleiben eines Effekts zum Anlaß der Falsifikation, so ist die psychologische Hypothese fälschlich falsifiziert worden.

(3) Die Manipulation der UV induziert überhaupt nicht die inneren Vorgänge, die in der psychologischen Theorie behauptet werden.

(4) Die abhängige Variable erfaßt nicht das intendierte Konstrukt.

Es dürfte deutlich sein, daß keines der unter (1) bis (3) genannten Probleme durch das Ziehen von Zufallsstichproben aus allen Modalitäten einer UV zu lösen ist. Eine derartige Gewinnung der UV zielt auf die Lösung eines anders gearteten Repräsentanzproblems, das im Rahmen einer deduktivistischen Experiment-Theorie keine Rolle spielt.

Deswegen wird auch im ganzen Text nicht auf statistische Modelle zur Auswertung derartiger Versuche eingegangen (vgl. dazu *Hays* 1963). Alle später zu schildernden Verfahren setzen deshalb voraus, daß die UVn fixierte Faktoren im Sinne der varianzanalytischen Modelle I und III (vgl. *Hays* 1963) sind.

Wir kommen im folgenden auf die einzelnen Probleme zu sprechen.

Ad (1)

Dieser Fehler, der in der Terminologie von *Campbell* und *Stanley* (1963) die interne Validität gefährdet, läßt sich weitgehend durch die Kontrolltechniken der Konstanthaltung und Randomisierung vermeiden.

Hätten in dem Experiment von *Festinger* und *Carlsmith* (1959, vgl. Abschnitt II) drei Vl die Daten erhoben, und zwar so, daß jeder für die Datenerhebung unter einer ganz bestimmten experimentellen Bedingung vorgesehen ist, so wäre die Interpretierbarkeit der Ergebnisse eingeschränkt gewesen: Es hätte sich nicht ermitteln lassen, ob die AV mit den experimentellen Bedingungen oder den Vln variiert. Dieser Fehler läßt sich ausschalten, wenn der Vl für alle Vpn konstant gehalten wird. Ein anderes Verfahren zur Vermeidung einer Konfundierung ist die Randomisierung. Die Zufallsaufteilung der Vpn auf die Bedingungen "kurze vs. lange Darbietungszeit" im Experiment von *Paivio* und *Csapo* (1969; vgl. Abschnitt II) soll verhindern, daß unter einer Bedingung gehäuft "gute Lerner" vertreten sind. Allgemein gesprochen soll die Zufallsaufteilung gewährleisten, daß *unbekannte* Person-Merkmale, die mit der AV korrelieren, die Interpretierbarkeit des Zusammenhangs zwischen UV und AV nicht einschränken. Mit der Methode der Konstanthaltung läßt sich dagegen nur die Wirkung *bekannter* Störfaktoren kontrollieren.

Die bisher genannten Kontrolltechniken sollen organismische Unterschiede zwischen den experimentellen Bedingungen ausschalten (Randomisierung) bzw. die Korrelation hypothesenirrelevanter Stimulusvariablen mit der experimentellen UV verhindern (Konstanthaltung). Läßt sich nun bei Anwendung dieser Kontrollverfahren behaupten, alle möglichen Konfundierungsfehler seien ausgeschaltet worden? Da nicht alle Faktoren, die sich als störend auswirken können, bekannt sind, läßt sich auch keine Liste aufstellen, in der alle diese Fehler aufgeführt sind. Gäbe es diese Liste, so könnte für eine Untersuchung, die keinen dieser Fehler aufweist, interne Validität im Sinne von *Campbell* und *Stanley* (1963) behauptet werden. Anderenfalls ist die Aussage, daß interne Validität vorliegt, die Konklusion eines induktiven Schlusses. Tatsächlich läßt sich für eine Untersuchung niemals behaupten, alle möglichen Konfundierungsfehler seien kontrolliert worden (vgl. auch *Mayo* 1977). So ist für das Experiment von *Festinger* und *Carlsmith* (1959), die sich der Konstanthaltung verschiedener Einflußgrößen und der Randomisierung bedient haben, dennoch behauptet worden, es sei intern nicht valide. Z.B. könnte die hohe Bezahlung von 20 Dollar bei den Vpn den Verdacht erweckt haben, daß der Experimentator ein noch nicht entdecktes Ziel verfolgt, welches er in seinen Instruktionen verschwiegen hat. Dieser Verdacht könnte zur Furcht führen, in ganz bestimmter Weise durch den Vl bewertet zu werden (vgl. *Rosenberg* 1965). Diese Bewertungsfurcht kann nun ein Verhalten bewirken, das zu einer fälschlichen Bestätigung der Untersuchungshypothese führt: Um in den Augen des Vl positiv dazustehen, geben die hochbezahlten Vpn ihre Urteile so ab, daß insgesamt resultiert, sie finden den Versuch nicht so interessant wie die "schlecht" bezahlten Vpn. In Wirklichkeit wäre dann dieser Unterschied nicht dissonanztheoretisch zu interpretieren, sondern auf die gleichzeitig mit der intendierten UV manipulierte Variable "Bewertungsfurcht" zurückzuführen.

Mit der theoretisch interessierenden UV können also andere Variablen manipuliert werden, ohne daß dies vom Vl bemerkt wurde. In diesem Fall gibt es zwei Möglichkeiten: 1. Die theoretisch interessierende Variable wird in einem neuen Versuch so manipuliert, daß sie mit der anderen Variablen nicht mehr konfundiert ist. Diesen Weg haben z.B. *Wippich* und *Bredenkamp* (1979) beschritten, deren UV der Bildhaftigkeitsgrad von Texten war. Da verschiedene Texte sich nicht nur hinsichtlich der Bildhaftigkeit, sondern auch bzgl. linguistischer Variablen unterscheiden, haben sie ein und denselben Text unterschiedlich bildhaft "gemacht", indem durch verschiedene Überschriften der Text einmal konkret, zum anderen abstrakt spezifiziert wurde. 2. Läßt dieser Weg sich nicht beschreiten, so bleibt noch eine andere Möglichkeit. Ermöglicht die Untersuchungshypothese genaue Prognosen über die Wirkung einer UV, so ist das Faktum, daß sie mit anderen Variablen konfundiert ist, ohne große Bedeutung. Z.B. haben *Bredenkamp* und *Hager* (1979) genaue (quantitative) Prognosen aus der modifizierten total-time-Hypothese abgeleitet und geprüft. Es mußten verschiedene Texte, die sich hinsichtlich des subjektiven Informationsgehalts (*Weltner* 1970) unterschieden, gelernt werden. Die Texte unterschieden sich jedoch nicht nur hinsichtlich dieser Variablen. Dies ist jedoch bedeutungslos, solange nicht Theorien zur Verfügung stehen, die ähnlich genaue Prognosen über die Wirksamkeit der konfundierten Variablen ermöglichen. Der bloße Hinweis auf die Konfundierung mit anderen Variablen genügt nicht, um die Interpretation eines Ergebnisses im Rahmen einer Theorie zu invalidieren, die gut bestätigt ist und genaue Prognosen über die Wirkung einer UV ermöglicht. Dies sehen auch Autoren, für die die Wichtigkeit des Kriteriums der internen Validität ansonsten unbestritten ist (vgl. *Cook* und *Campbell* 1976, 226).

Ad (2)

Aronson und *Carlsmith* (1968) diskutieren dieses Problem anhand einer Untersuchung von *Aronson* und *Mills* (1959), welche die aus der kognitiven Dissonanztheorie abgeleitete Hypothese prüfte, daß mit wachsender Schwierigkeit bei der Aufnahme in eine soziale Gruppe die Wertschätzung der Mitgliedschaft in dieser Gruppe steige. Bei der Manipulation der UV (Schwierigkeit der Aufnahmebedingung) waren den Experimentatoren Grenzen gesetzt; sie konnten diese Variable nur im unteren Bereich des denkbaren Kontinuums manipulieren. In diesem Falle sollten Fragebogen postexperimentell eingesetzt werden, um herauszufinden, ob die Vpn durch die verschiedenen Behandlungen unterschiedlich affiziert wurden, und die UV sollte in weiteren Untersuchungen konzeptuell so repliziert werden, daß eine größere Kontrastierung der Bedingungen erreicht wird (vgl. *Gerard* und *Mathewson* 1966). Ferner sollten zur Präzisierung eines Experimentes bestimmte Kontrolltechniken eingesetzt werden, damit geringe Effekte mit einer hohen Wahrscheinlichkeit entdeckt werden können, ohne daß die Vpn-Anzahl unzumutbar groß wird (vgl. Abschnitt V).

Das hier beschriebene Problem ist nicht etwa nur auf die Sozialpsychologie beschränkt. *Wippich* und *Bredenkamp* (1979) standen vor derselben Frage, als sie die Auswirkung der Bildhaftigkeit auf das Textlernen untersuchten. Die Frage, ob sich die Bildhaftigkeitswerte identischer Texte, die konkret und abstrakt spezifiziert worden waren, genügend unterschieden, ließ sich nicht eindeutig beantworten.

Ad (3), (4)

Oftmals wird in einer psychologischen Hypothese der Zusammenhang zwischen theoretischen Begriffen ("Wenn Frustration, dann Aggression") behauptet, die auf unterschiedliche Art und Weise operationalisiert werden können. *Koeck* (1977) hat dies ausführlich am Beispiel der Frustrations-Aggressions-Hypothese gezeigt. Wenn es keine Theorie gibt, die bestimmte Operationalisierungen gegenüber anderen als besser auszeichnet, so ist es wünschenswert, in ein und derselben Untersuchung oder in verschiedenen Untersuchungen die Variablen konzeptuell zu replizieren und die Ergebnisse zu vergleichen. So haben *Paivio* und *Csapo* (1969, vgl. Abschnitt II) die konzeptuelle UV "Verarbeitungsprozeß" durch die Variation der Darbietungszeit und durch die Wahl unterschiedlich bildhafter Lernmaterialien in ein und derselben Untersuchung konzeptuell repliziert (intraexperimentelle konzeptuelle Replikation). Die konzeptuellen AVn "parallele" bzw. "serielle" Informationsverarbeitung wurden durch die Wahl unterschiedlicher Lernaufgaben (z.B. Freie Reproduktion, Wiedererkennen; Serielles Lernen, Gedächtnisspanne) ebenfalls konzeptuell repliziert. In *unterschiedlichen* Experimenten wurde z.B. die UV "Schwierigkeit der Aufnahmebedingung" konzeptuell durch *Aronson* und *Mills* (1959) sowie *Gerard* und *Mathewson* (1966) repliziert (interexperimentelle konzeptuelle Replikation).

Die konzeptuelle Replikation ist von größter Wichtigkeit. Das liegt daran, daß sich aus der Hypothese (H) "Wenn A_t, dann B_t" und der singulären Aussage "A_b" nicht einfach "B_b" ableiten läßt, da in A_t und B_t theoretische Begriffe enthalten sind, während A_b und B_b bestimmte Beobachtungsaussagen sind. Eine logische Ableitung ist nur möglich, wenn zu A_b und H bestimmte Hilfshypothesen h hinzukommen (vgl. *Gadenne* 1976). Z.B. sei H: "Wenn A_t, dann B_t" die Hypothese "Wenn Frustration, dann Aggression". A_b sei die Aussage: "Von zwei vergleichbaren Untersuchungsgruppen wurde eine (G_1) so behandelt, daß von einer kontinuierlichen Bekräftigung zur partiellen Bekräftigung übergegangen wurde, während für die andere Gruppe (G_2) die Bekräftigung kontinuierlich blieb". B_b sei die Aussage: "G_1 beschimpft den Vl durchschnittlich häufiger als G_2". B_b ist nun aus H, A_b, h_1, h_2 logisch ableitbar, wenn h_1 besagt: "der Übergang von einer kontinuierlichen zu einer partiellen Bekräftigung erzeugt Frustration, während eine fortdauernde kontinuierliche Verstärkung keine Frustration erzeugt", und wenn h_2 lautet: "je häufiger der Vl beschimpft wird, desto höher ist die Aggression". Wenn nun in einem Experiment "nicht B_b" konstatiert wird, so kann dies an der Falschheit von H liegen. Eine andere Möglichkeit ist, daß h_1 falsch ist; in diesem Fall wäre A_t nicht realisiert worden, da A_t aus h_1 und A_b logisch ableitbar ist. Eine dritte Möglichkeit ist, daß h_2 falsch ist, so daß B_t nicht realisiert wurde. Welche Möglichkeit zutrifft, läßt sich in *einem* Experiment nicht entscheiden. Sollte sich aber in verschiedenen Experimenten immer "nicht B_b" ergeben, und sind A_b und B_b interexperimentell verschieden realisiert worden, so kann H falsifiziert werden, da unabhängig vom jeweiligen A_b und den interexperimentell verschiedenen Hilfshypothesen B_b nicht eintrat. Ist in allen Untersuchungen B_b eingetroffen, gilt A als bewährt. Nur ein ganzes Forschungsprogramm und nicht eine einzelne Untersuchung ermöglicht also die Falsifikation oder Bewährung von Hypothesen. [1]

Bei interexperimentell unterschiedlichen Ergebnissen ist eine Entscheidung zur Falsifikation schwierig. Allerdings läßt sich bei der Durchsicht der Literatur zu einer Hypothese nicht leicht entscheiden, welche Ergebnisse unterschiedlich sind, da unreflektiert mit verschiedenen Stichprobenumfängen gearbeitet wird. Dies hat z.B. zur Folge, daß bei Geltung der statistischen Alternativhypothese manchmal H_1 angenommen, in anderen Fällen H_0 beibehalten wird. Deshalb ist unbedingt zu empfehlen, in jedem Experiment α, β und Effektgröße festzusetzen und das benötigte n zu schätzen, damit überhaupt Aussagen über die Replizierbarkeit der Befunde möglich sind.

Folgende Situationen sind zu unterscheiden:

1. Wenigstens zwei intraexperimentell replizierte UVn, eine AV.

In diesem Fall lassen sich die einfachen Haupteffekte prognostizieren (vgl. Abschnitt III, 3.1.1.2), und diese sollten auch ohne vorhergehenden Interaktionstest geprüft werden. Die Stichprobe ist so groß zu wählen, daß eine bestimmte Größe eines einfachen Haupteffekts mit großer Wahrscheinlichkeit entdeckt werden kann (vgl. dazu Kap. V, 3.2).

2. Eine UV, wenigstens zwei intraexperimentell replizierte AVn (multivariates Experiment).

In diesem Fall sollte eine multivariate Varianzanalyse oder Regressionsanalyse durchgeführt werden. Zur Wahl der Stichprobengröße vgl. Abschnitt V, 3.3.

3. Wenigstens zwei intraexperimentell replizierte UVn, wenigstens zwei intraexperimentell replizierte AVn.

Es handelt sich um ein mehrfaktorielles multivariates Experiment. Zur Wahl des Stichprobenumfangs vgl. Kap. V, 3.3.

4. Je eine interexperimentell replizierte UV und AV.

Da auf diese Situation später nicht mehr eingegangen wird, sollen bereits jetzt die notwendigen Ausführungen vorgetragen werden.

Um festzustellen, ob sich eine psychologische Hypothese bewährt hat, kann man wie folgt verfahren. Angenommen, es seien m Untersuchungen durchgeführt worden; in x Experimenten wurde H_0 abgelehnt. α (z.B. 0.05) und β (z.B. 0.05) seien interexperimentell konstant gewesen. Unter der Geltung von H_0 ist die Wahrscheinlichkeit für x signifikante Ergebnisse $\binom{m}{x} \alpha^x (1-\alpha)^{m-x}$. Unter H_1 beträgt die Wahrscheinlichkeit $\binom{m}{x} (1-\beta)^x \beta^{m-x}$. Ist der Quotient $Q = \alpha^x (1-\alpha)^{m-x}/(1-\beta)^x \beta^{m-x}$ größer als 1, so liegt insgesamt Evidenz zugunsten von H_0 vor. Wird H_1 durch die psychologische Hypothese impliziert, so bedeutet dies eine notwendige Voraussetzung für die Falsifikation der Hypothese. Ist Q kleiner als 1, so liegt in diesem Fall eine Bewährung der psychologischen Hypothese vor.

Zwei Anmerkungen sind notwendig. Das Verfahren funktioniert nur, sofern zu einer Hypothese alle Ergebnisse publiziert werden. Wenn insignifikante Ergebnisse zurückgehalten werden, ist der Quotient Q immer zugunsten H_1voreingenommen: Es ergibt sich ein falsches Bild über die Bewährung einer psychologischen Hypothese (vgl. insbesondere *Greenwald* 1975). Zweitens muß man sich nicht für H_0 oder H_1 entscheiden, wenn Q größer bzw. kleiner als 1 ist. Es könnte z.B. auch die Auffassung vertreten

---

[1] Erzwingbar ist die Falsifikation jedoch nicht. Wenn etwa gezeigt werden kann, daß die zur Ableitung von A_t benötigten Hilfshypothesen in keinem Experiment zutrafen, ist auch A_t niemals realisiert worden. In diesem Fall müßte gezeigt werden, wie A_t zu realisieren ist, damit die Hypothese geprüft werden kann.

werden, daß in den einzelnen Untersuchungen der zu entdeckende Effekt zu groß gewählt wurde. Damit sind die Stichprobenumfänge zu klein gewesen, um kleinere Effekte mit der Wahrscheinlichkeit 0.95 entdecken zu können. Setzt der Experimentator nun einen kleineren Effekt als vernünftige Größe fest, so daß in den einzelnen Untersuchungen β jeweils sehr viel größer als 0.05 gewesen ist, kann sich z. B. ergeben, daß nur 3 signifikante Resultate von insgesamt 10 Ergebnissen H'_1 stützen, die sich auf einen kleineren Effekt bezieht. Wenn H'_1 durch die psychologische Hypothese impliziert wird, würde also Evidenz zugunsten dieser Hypothese vorliegen. Dagegen wird H_1, die sich auf große Effekte bezieht, durch drei signifikante Ergebnisse von insgesamt 10 Resultaten nicht gestützt. Auch hier erweist sich die Falsifikation von Hypothesen als eine Entscheidung von Forschern, die nicht unbedingt durch die Daten erzwungen wird. Weiterhin zeigt sich, daß die Festlegung der in einem Experiment zu entdeckenden Effektgröße kein so schwierig zu bewältigendes Problem ist, wie es scheint (vgl. Abschnitt V, 3.1.1). Wenn Hypothesen nur im Lichte ganzer Forschungsprogramme beurteilt werden, können die Festlegungen später als zu groß zurückgenommen werden. Die damit verbundene Implikation, daß die Falsifikation von Hypothesen letztendlich nicht durch Daten erzwungen werden kann, ist nicht einzigartig für die hier angestrebte Verbindung der Falsifikationstheorie mit dem statistischen Hypothesentesten. Auch wenn man auf die statistische Hypothesenprüfung nicht angewiesen wäre, ergäbe sich das Problem, inwieweit die Operationalisierungen die theoretischen Begriffe repräsentieren, so daß auch hier Falsifikationen durch Daten nicht erzwungen werden. Erreichbar ist in jedem Fall nur, daß die Daten für einen Forscher, der von vornherein gewillt ist, nicht jeden für seine Hypothese negativen Befund zu exhaurieren, so informationshaltig sind, daß er seine Entscheidung auf der Grundlage dieser Einstellung treffen kann.

In dem obigen Beispiel, in dem der Forscher eine Hypothese als gestützt ansieht, obwohl nur 3 von 10 Resultaten signifikant sind, müßte er eine derartige Entscheidung begründen können. Er könnte z. B. auf die geringe Durchschlagskraft der UV oder auf die großen interindividuellen Unterschiede verweisen, die ihn von einer geringen Effektgröße ausgehen lassen. In diesem Fall aber generiert er Hypothesen, deren Überprüfung (etwa mittels Verfahren zur Reduktion der Fehlervarianz) es gestattet, seine Entscheidung als unbegründet zurückzuweisen oder als begründet zu akzeptieren.

Das beschriebene Verfahren geht auf *Fricke* (1977) zurück und kann in leicht modifizierter Form auch dann angewendet werden, wenn nicht in jeder Untersuchung β und der Stichprobenumfang apriori festgelegt worden sind, wie bisher angenommen wurde. In diesem Fall wird nachträglich je Experiment eine Effektgröße festgelegt, und zu jeder Untersuchung wird unter Zuhilfenahme der entsprechenden Tabellen bei *Cohen* (1977) oder *Rotton* und *Schönemann* (1978) β errechnet. Die Wahrscheinlichkeit, daß x Resultate in bestimmten Experimenten signifikant wurden, ist unter H_1 $(1\text{-}\beta_1)\,(1\text{-}\beta_2)\ldots(1\text{-}\beta_x)\beta_{x+1}\ldots\beta_m$, und unter H_0 ist die entsprechende Wahrscheinlichkeit unter der Voraussetzung, daß alle α gleich groß waren, $\alpha^x(1\text{-}\alpha)^{m\text{-}x}$. Beide Wahrscheinlichkeiten können durch Bildung von Q' zueinander in Beziehung gesetzt werden. Der Quotient Q' ist so wie Q zu interpretieren.

Andere Verfahren zur Kombination von Resultaten hat *Rosenthal* (1978) zusammengestellt. Sie sind jedoch der hier favorisierten Methode insofern unterlegen, als β unberücksichtigt bleibt.

Bei einem Vergleich der Vorgehensweisen zur Bestimmung von Q und Q' stellt sich die Frage, ob überhaupt in jeder einzelnen Untersuchung die Notwendigkeit besteht, die Effektgröße und β festzulegen sowie den Stichprobenumfang apriori zu bestimmen, wenn ein einzelnes Experiment sowieso zur Falsifikation einer Hypothese nicht ausreicht. Der Vorteil dieses Vorgehens besteht darin, daß in jedem Experiment so genaue

Überlegungen angestellt werden müssen, daß auch "negative", die psychologische Hypothese nicht bestätigende Resultate publiziert werden; denn die Planung des Experiments ist ja darauf ausgerichtet, die Hypothese der Gefahr des Scheiterns auszusetzen. Werden diese Überlegungen nicht angestellt, so besteht die Gefahr, daß "negative" Resultate unter den Tisch fallen und nicht publiziert werden. Deshalb dürfte Q im allgemeinen eine bessere Bewertung experimenteller Resultate ermöglichen als Q'.

5. Mehr als eine interexperimentell replizierte UV oder/ und AV.

Das soeben dargestellte Verfahren läßt sich auch hier anwenden. Bei mehr als einer UV ist zu beachten, daß Q (bzw. Q') für die gleichen Hypothesen berechnet wird (z.B. beziehen sich H_0 und H_1 auf einen bestimmten einfachen Effekt).

Abschließend sei noch festgestellt, daß das Problem der Repräsentativität bestimmter Operationalisierungen für theoretische Begriffe keineswegs nur für theorieprüfende Experimente besteht. Soll in der angewandten Forschung ermittelt werden, ob z.B. deduktiver oder induktiver Unterricht zu besseren Lernresultaten führt, so stehen die besonderen, für die Untersuchung ausgewählten Methoden als Repräsentanten für deduktiven und induktiven Unterricht. Nur wenn ein Vergleich dieser ganz bestimmten Methoden A und B angezielt wird, ergibt sich das Problem der Repräsentativität nicht.

3.3 Das Problem der ökologischen Validität

Die Konstanthaltung wurde als eine Methode zur Sicherung der Validität der UV dargestellt. Sie kann aber zugleich zu Fehlschlüssen bzgl. der ökologischen Validität führen. So ist z.B. nicht auszuschließen, daß das Versuchsergebnis nur für diesen besonderen Vl gültig ist; bei Einbezug verschiedener Vl hätte sich u.U. eine (semi-) disordinale Interaktion mit der experimentellen UV nachweisen lassen. Da in einem Experiment nicht alle Faktoren, deren Beitrag zur Variation der AV üblicherweise durch Konstanthaltung kontrolliert wird, variiert werden können, um disordinale Interaktionen aufzudecken, steht hinter dem Vorgehen des Experimentators die Annahme, die konstant gehaltenen Faktoren interagierten nicht disordinal mit der UV. Allerdings sind einige Faktoren in der psychologischen Forschung ausgesondert worden, deren Beitrag zur Variation der AV näher analysiert worden ist. Hauptsächlich handelt es sich hierbei um das Forschungsprogramm "Sozialpsychologie des Experiments", auf das wir im Abschnitt IV zu sprechen kommen. Hierbei geht es um die Beantwortung der Frage, inwieweit experimentelle Resultate als Ergebnis dieses Forschungsprogramms *aposteriori* als valide oder artifiziell zu bezeichnen sind.

Ein anderer Faktor, dessen Einfluß auf die AV eingehend analysiert wurde, ist die Sensitivierung der Vpn durch einen Vortest. Es handelt sich darum, daß die Messung *vor* der experimentellen Behandlung das, was die AV *nach* der Behandlung erfassen soll, verändert. Berühmtes Beispiel für einen derartigen Effekt sind die Hawthorne-Untersuchungen (*Roethlisberger* und *Dickson* 1939), in denen der Einfluß der Beleuchtung, Temperatur, Pausen usw. auf die Produktivität am Arbeitsplatz untersucht werden sollte. Die Möglichkeit einer Sensitivierung ist in jeder Versuchsanordnung gegeben, in denen Vortests mit dem Ziel der Präzisierung gegeben werden, auch wenn eine eingehende Untersuchung dieses Effekts durch *Lana* (1969) bisher kaum Interaktionen des Vortests mit dem Behandlungsfaktor erbracht hat. Dieses Ergebnis besagt nicht, daß in der besonderen Untersuchung, die ein Experimentator durchführt, die Vortestsensitivierung nicht einflußreich sein könnte. Daher sollte immer, wenn auch nur eine entfernte

Möglichkeit für diesen Effekt besteht, geprüft werden (z.B. über das Vier-Gruppen-Design von *Solomon* 1949; vgl. dazu *Bredenkamp* 1969, *Huck* und *Sandler* 1973), ob der Vortest disordinal mit dem Behandlungsfaktor interagiert.

Vortests ermöglichen es einer Vp, ihre Rolle als Vp zu durchschauen, was insbesondere in manchen sozialpsychologischen Experimenten zu Verzerrungen der Ergebnisse (Scheinbestätigungen oder -falsifikationen) führt. Deshalb ist hier oftmals ein Vortest nicht möglich. Aber auch ohne Vortest ist die Lösung des Problems, wie zu vermeiden ist, daß die Vp überhaupt bemerkt, daß mit ihr experimentiert wird, zentraler Bestandteil von Kontrollen, die der Vermeidung von Scheinbestätigungen oder -falsifikationen dienen. In der Sozialpsychologie (aber nicht nur dort; vgl. *Wippich* und *Bredenkamp* 1979, Experiment 1) täuscht man deshalb die Vpn oftmals über ihre Rolle als Vp hinweg. So ist das eigentliche Experiment in der Untersuchung von *Festinger* und *Carlsmith* (1959; vgl. Abschnitt II) zu einem Zeitpunkt durchgeführt worden, als die Vpn meinten, die Rolle eines Vl inne zu haben. Bemerken die Vpn die Täuschung nicht, so kann sich die Bewußtheit ihrer Rolle auch nicht störend auf die Versuchsergebnisse auswirken. Derartige Versuche, wenn sie geschickt durchgeführt werden, führen oftmals zu einer starken Ichbeteiligung der Vpn, auch wenn die Versuchssituation "künstlich" ist (vgl. z.B. die Konformitätsuntersuchungen von *Asch* 1951). Daß eine direkte Verallgemeinerung auf alltägliche Situationen nicht möglich ist, wurde bereits in Abschnitt II betont. Entscheidend ist die Ichbeteiligung der Vpn (vgl. *Aronson* und *Carlsmith* 1968) in solchen Experimenten, für die ein Ausspruch *Lewins* (1927, 419) gilt: "Die *Lebensnähe* des Experiments ist nicht in der quantitativen Übereinstimmung mit der Wirklichkeit zu suchen, sondern entscheidend ist, ob beide Male wirklich derselbe *Geschehenstypus* vorliegt. Handelt es sich nämlich um Geschehnisse gleicher Struktur, so ist innerhalb breiter Bereiche ein Schluß... zulässig".

Die Täuschung ist aus verschiedenen Gründen, auf die nicht ausführlich eingegangen werden kann (ausführlich hierzu informieren *Carlsmith* et al 1976), in Verruf geraten. Hier werden nur kurz methodologische Probleme von Täuschungsexperimenten behandelt; ethische Bedenken, die geltend gemacht wurden (vgl. *Carlsmith* et al 1976), bleiben außer Betracht.

(1) Besonders unter Studenten, die oftmals die Vpn in psychologischen Experimenten sind, dürfte bekannt sein, daß häufig Täuschungsmanöver durchgeführt werden. Wirkt sich dieser *Verdacht* auf das Verhalten der Vpn in einem Experiment, in dem sie u.U. gar nicht getäuscht werden, derart aus, daß die Versuchshypothese fälschlich bestätigt oder nicht konfirmiert wird?

Vermutlich führt dieser generalisierte Verdacht zu einer Suche nach dem wahren Zweck des Experiments und zur Einnahme bestimmter Rollen, auf die wir in Abschnitt IV zu sprechen kommen werden. Vorweg sei festgestellt, daß eine kritische Sichtung der Forschungsbefunde nicht zu dem Ergebnis führt, experimentelle Ergebnisse seien wegen dieses Verhaltens invalide.

(2) Die Täuschung in dem besonderen Experiment, an dem die Vpn teilnehmen, wird *bemerkt*. Wie wirkt sich dies auf die Resultate aus? Die Antwort auf diese Frage kann wohl kaum ein für alle Mal gültig formuliert werden. Deshalb ist es wichtig, die Untersuchung so anzulegen, daß von vornherein die Wahrscheinlichkeit für diese Entdeckung gering ist. Ein Beitrag hierzu ist die Gestaltung des Experiments derart, daß die Ichbeteiligung der Vpn hoch ist (*Carlsmith* et al 1976). Außerdem sollte, wenn sich dies ethisch rechtfertigen läßt, die Täuschung erst, nachdem *alle* Vpn untersucht wurden, aufgehoben werden; erscheint dies nicht möglich, so müssen die Vpn nach der Aufhebung der Täuschung gebeten werden, anderen Vpn nichts zu "verraten". In diesem Falle sollten möglichst Vpn rekrutiert werden, die miteinander nicht bekannt sind

(letztere Bedingung ist z.B. in den Gehorsamsuntersuchungen von *Milgram* (1963) erfüllt).

Besonders aus ethischen Gründen wird von manchen Autoren die Simulationsstudie (auch Rollenspiel oder "Als-ob"-Experiment genannt) dem Täuschungsexperiment vorgezogen. In derartigen Untersuchungen soll die Vp eine bestimmte Rolle (z.B. die eines Warenhauseigentümers) spielen oder einfach angeben, wie sie (oder ein anderer Mensch) sich in einer bestimmten Situation verhalten würde. Allerdings können derartige Untersuchungen nicht ein hypothesenprüfendes Experiment ersetzen; allenfalls sind Hypothesen generierbar (*Cooper* 1976). Um zu ermitteln, ob die Vpn in einer Simulationsstudie das Verhalten richtig prognostiziert haben, bedarf es immer des Vergleichs mit dem tatsächlichen Verhalten, also der Durchführung eines Experiments. Oftmals sind Vpn zu derartigen Prognosen nicht fähig. So fand z.B. *Milgram* (1963) heraus, daß die von ihm befragten Studenten (undergraduates) angaben, daß höchstens 3% aller Vpn die höchste Schockintensität in den von ihm durchgeführten Gehorsamsuntersuchungen wählen würden. Auch die befragten Psychiater schätzten nicht besser. Tatsächlich wählten in den Gehorsamsuntersuchungen *Milgrams* (1963) etwa 2/3 aller Vpn die höchste Schockstärke. Diese Untersuchungen sind nur durchführbar, wenn getäuscht wird. "Als-ob"-Experimente führen zu falschen Ergebnissen. Will man nicht von vornherein auf die Information "echter" Gehorsamsexperimente verzichten, so besteht übrigens geradezu die ethische Verpflichtung zur Täuschung, da die tatsächliche Verabreichung von Schocks zu gefährlich für das Leben der Vpn wäre (*Cooper* 1976). Ein anderes wohl bekanntes Ergebnis von *La Piere* (1934), welches die Validität von Simulationsstudien disqualifiziert, ist der Tatbestand, daß 99% der aufgesuchten Hotels ein chinesisches Ehepaar beherbergen wollten, obwohl auf eine vorherige entsprechende Anfrage über 90% dieser Hotels eine Absage erteilt hatten (nach *Carlsmith* et al 1976).

Die Täuschung dient nicht nur dazu, Vpn überhaupt nicht bemerken zu lassen, daß mit ihnen experimentiert wird, oder um die UV erst manipulierbar zu machen (*Milgram* 1963). Oftmals soll sie die Wirksamkeit eines weiteren Faktors ausschalten, der die ökologische Validität mindert. Dieser Faktor kann mit "Reaktivität der Messung" (*Campbell* und *Stanley* 1963) bezeichnet werden. Z.B. wirkt diese Variable dann, wenn erst die Erhebung der Einstellungswerte (AV) zu einer Wirkung der experimentellen Behandlung (Film) führt. Um die Reaktivität des Testens zu vermeiden, ist es oftmals erforderlich, die Messung zu "verstecken". Das ist z.B. in der Untersuchung von *Festinger* und *Carlsmith* (1959, vgl. Abschnitt II) der Fall gewesen. Eine andere Möglichkeit ist die Registrierung tatsächlichen Verhaltens anstelle der Erhebung von Einschätzungen, Meinungen und Einstellungen. In einer Frustrations-Aggressions-Untersuchung ist die Beobachtung aggressiven Verhaltens weniger reaktiv als die Erhebung von *Ratings*.

Schließlich sei noch auf ein Problem der ökologischen Validität eingegangen, das selten gesehen wird. Eine psychologische Theorie dient der Erklärung und Prognose von Resultaten und ermöglicht u. U. technologische Aussagen (vgl. Abschnitt II). Damit ist aber oftmals impliziert, daß langfristige Effekte der Manipulation von UVn untersucht werden müssen.

Die Theorie des Beobachtungslernens von *Bandura* (1969) ermöglicht z.B. Aussagen darüber, welche Maßnahmen zur Behandlung bestimmter Phobien ergriffen werden müssen. Von einem Erfolg dieser Maßnahmen kann aber nur gesprochen werden, wenn er zeitlich persistiert. In der Therapieforschung wird dies gesehen, und der Erfolg wird langfristig kontrolliert (z.B. *Bandura, Blanchard* und *Ritter* 1969). Wie aber verhält es sich in der grundlagenorientierten Forschung? Wenn z.B. die Theorie des Beobachtungslernens auch zur Erklärung des Erwerbs sozialer Verhaltensformen dient, dann müssen langfristige Effekte der theoretischen UV erwartet werden können. Diese aber sind bisher selten untersucht worden. Ob z.B. die im Experiment modifizierte moralische Beurteilung von Sachverhalten persistiert, ist kaum bekannt. Hier müssen Feld- und laborexperimentelle Forschung Hand in Hand gehen, indem z.B. das moralische Urteilsverhalten der Vpn, die bestimmten experimentellen Bedingungen ausgesetzt waren, im Alltag weiter beobachtet wird (vgl. *Bredenkamp* 1979). Stellt sich heraus, daß das experimentell modifizierte Verhalten nicht persistiert, so ist damit nicht die Theorie falsifiziert; die experimentellen Behandlungen können auch wenig "durchschlagkräftig" sein, und die im Alltag verfügbaren Modelle können für die Nicht-Persistenz der besonderen Art des moralischen Urteilens verantwortlich sein. Korrelationsstudien wären im Rahmen eines Forschungsprogramms notwendig, um zu prüfen, ob im Alltag tatsächlich das moralische Urteilen von Kindern mit dem bestimmter Modelle übereinstimmt (vgl. auch *Koeck* 1977). Wie bereits ausgeführt wurde, reicht *ein* Experiment zur Falsifikation einer Hypothese nicht aus; dazu bedarf es eines ganzen Forschungsprogramms, zu dem auch Korrelationsstudien und Quasi-Experimente in dem Maße gehören, wie die geprüfte Theorie sich auf die Erklärung von Sachverhalten bezieht, die langfristig gelten.

IV. Zur Sozialpsychologie des Experiments

Es ist hier kein umfassender Überblick über die vorliegenden Forschungsbefunde intendiert, der andernorts zu erhalten ist (z.B. *Rosenthal* und *Rosnow* 1969, *Mertens* 1975, *Gniech* 1976). Vielmehr soll in aller Kürze eine Einschätzung der Bedeutung der Ergebnisse zur Sozialpsychologie des Experiments für die experimentelle Methode gegeben werden. Ausgangspunkt aller Forschungen in diesem Bereich ist die Konzeption des Experiments als soziale Situation, in der Experimentator und Versuchsperson interagieren und die Kommunikation sich nicht nur auf das Verlesen der Versuchsinstruktion und die Reaktion der Vp auf die vom Experimentator gesetzten Bedingungen bezieht. Allein die Tatsache, daß nur Teile der experimentellen Situation standardisiert sind, läßt dem Experimentator einen weiten Spielraum an Verhaltensweisen, die von Vp zu Vp unterschiedlich ausfallen können (Vpn werden unterschiedlich oft angelächelt, angeblickt usw., vgl. *Friedman* 1967).

Bevor auf die Sozialpsychologie des Experiments eingegangen wird, sei kurz auf eine Quelle fehlerhafter Resultate eingegangen, die bisher weitgehend vernachlässigt wurde. Es handelt sich um den für eine Untersuchung verantwortlichen Forscher, der oftmals nicht selbst seine Daten erhebt, sondern sie durch den Experimentator erheben läßt. *Barber* (1976) führt fünf Fehlerquellen auf seiten des Forschers an:

(1) Der Paradigma-Effekt. Hierzu können die Ergebnisse der behavioristisch dominierten Konditionierungsforschung gezählt werden, die nicht zur Kenntnis nahm, daß es ein biologisch vorbereitetes Lernen gibt (vgl. *Bredenkamp* und *Wippich* 1977).

(2) Der Versuchsplan-Effekt. Z.B. können die Ergebnisse davon abhängig sein, ob ein Versuchsplan mit wiederholten Messungen vorliegt oder ob die Vpn den Bedingungen zufällig zugeordnet worden sind (vgl. *Carlsmith* et al 1976, *Greenwald* 1976).

(3) Der Effekt des "laxen" Vorgehens (Versuchsanweisungs-Effekt[1]). Wenn z.B. eine schriftlich fixierte Anweisung für den Experimentator fehlt, wie er im einzelnen vorzugehen hat, wird dem Vl ein großer Spielraum für sein Verhalten gelassen (s.o.).

(4) Der Datenanalysen-Effekt. Durch fehlerhafte statistische Auswertungen kann eine Versuchshypothese begünstigt werden. Der Datenanalysen-Effekt dürfte in der bekannten Pygmalion-Studie von *Rosenthal* und *Jacobson* (1968) vorliegen (vgl. *Elashoff* und *Snow* 1971). Im Rahmen der deduktivistischen Theorie des Experiments würde dieser Fehler z.B. auch vorliegen, wenn die Teststärke nicht kontrolliert wurde (vgl. Abschnitt III, 3.1).

(5) Der Täuschungseffekt (fudging effect oder Datenmanipulier-Effekt[2]) liegt vor, wenn "Resultate" veröffentlicht werden, die so nicht eingetroffen sind. Derartige Täuschungen werden bei *Mendel* und *Newton* vermutet (*Barber* 1976, 37), in der psychologischen Forschung neuerdings bei *Sir Cyril Burt* (vgl. Psychologie heute, 1977, Heft 4).

Zur Ausschaltung einiger dieser Faktoren empfiehlt *Barber* (1976) u.a.:

(a) Da der Forscher voreingenommen für seine Hypothese ist, sollte nicht er selbst die Daten erheben.

(b) In einer Pilot-Studie sollte der Forscher selbst Vp sein, um Einsicht zu gewinnen, wie eine Vp die Versuchssituation wahrnimmt, wie die Instruktion geändert werden muß usw.

(c) Es sollte schriftlich genau festgelegt sein, wie der Versuch ablaufen soll.

---

[1] Diese Bezeichnung hat *S. Ertel* vorgeschlagen.

[2] Diese Bezeichnung folgt einem Vorschlag *S. Ertels*.

(d) Die Experimentatoren sollten in einer Pilot-Studie eingeübt werden.

(e) Forschung ist nach dem Versuchsplan und den Prozeduren, nicht nach den Resultaten zu bewerten. Die besondere Gewichtung "positiver" Resultate, die zu einer "Jagd auf Signifikanzen" führt, sollte vermieden werden. Im Rahmen der deduktivistischen Theorie des Experiments wird dieser Fehler vermieden.

Wir gehen jetzt auf den Experimentator als Fehlerquelle ein. *Barber* (1976) zählt folgende Möglichkeiten auf:

(1) Der Effekt persönlicher Merkmale des Experimentators. Dieser Effekt liegt vor, wenn bestimmte Merkmale des Vl wie sein Alter, Geschlecht, seine Ängstlichkeit usw. einen Einfluß auf die Ergebnisse nehmen. Störend wirkt sich dieser Effekt allerdings nur aus, wenn die experimentelle UV (semi-)disordinal mit diesen Merkmalen interagiert. Interaktionen sind bisher selten untersucht worden (*Johnson* 1976).

(2) Der Effekt des Nichtbefolgens der schriftlichen Anweisungen.

(3) Der Effekt des falschen Aufzeichnens. Er entsteht, wenn der Vl die Responses der Vpn falsch notiert. Die Fehler können zufällig oder systematisch verteilt sein. Wiederholt ist nachgewiesen worden, daß die Fehler bei den Aufzeichnungen die Untersuchungshypothese begünstigten (*Barber* 1976, 57f).

(4) Der Effekt des Täuschens. Es werden z. B. Ergebnisse fabriziert.

(5) Der Erwartungseffekt, der eingehend durch *Rosenthal* (z.B. 1969) untersucht wurde. Der Experimentator erwartet und wünscht bestimmte Resultate. Nach *Rosenthal* überträgt er seine Erwartungen durch paralinguistische Hinweise (Variation der Stimme) oder durch Gesten und Gesichtsausdruck unabsichtlich auf die Vpn. Die Erwartungen des Vl beeinflussen die Responses der Vpn, die seine Hypothesen zu bestätigen versuchen.

Sollte dieser Effekt generell gelten, so wären mit der UV des Experiments verschiedene Erwartungen seitens des Vl und Verhaltensweisen der Vpn konfundiert, die zu Scheinbestätigungen der Hypothese führen. Nach *Barber* (1976) haben allerdings bisher wenige der vielen Untersuchungen den Erwartungseffekt demonstriert. Stattdessen zeigen viele einen Datenanalysen-Effekt (vgl. *Barber* und *Silver* 1968), das Nichtbefolgen der Anweisungen und den Effekt des falschen Aufzeichnens und Täuschens (*Barber* 1976). Dennoch gibt es einige positive Belege für den Erwartungseffekt, die es nahe legen, in jedem einzelnen Experiment einem Erwartungseffekt vorzubeugen, sofern dieser als wahrscheinlich angesehen wird. Wenn davon ausgegangen wird, daß Vpn sich nicht passiv verhalten, sondern aktiv nach der "wahren" Intention des Experimentators suchen (*Riecken* 1962), so ist es als wahrscheinlich anzusehen, daß Erwartungseffekte wegen der vermutlich weit verbreiteten Bewertungsfurcht (s. u.) auf seiten der Vpn dann auftreten, sofern die Aufgabe für die Vp derart unstrukturiert ist, daß nicht leicht zu entdecken ist, welches Verhalten das richtige oder von ihr erwartete ist. Dies trifft für die typische *Rosenthal*-Aufgabe zu, die zur Demonstration von Erwartungseffekten verwendet wurde: Die Vpn sollen die auf Fotos abgebildeten Personen danach beurteilen, wie viel Erfolg oder Mißerfolg sie im Leben erfahren haben. Bei einer derartigen Aufgabe ist zu erwarten, daß um ihre positive Bewertung durch den Experimentator besorgte Vpn nach der Hypothese des Versuchs suchen, um sich hypothesenkonform zu verhalten. Gelingt es den Vpn, hierüber Informationen zu erhalten, so ist zu erwarten, daß Ergebnisse auftreten, die zum Schein die Versuchshypothese bestätigen. Tatsächlich hat *Minor* (1970) mit der *Rosenthal*-Aufgabe einen Erwartungseffekt für bewertungsängstliche Vpn gefunden, während dieser Effekt für Vpn mit geringer Bewertungsfurcht ausblieb.

Folgende Empfehlungen zur Kontrolle einiger der angeführten Fehlerquellen können gegeben werden:

(a) Immer wenn mehr als ein Vl die Daten erhebt, sollten die Vl einen Kontrollfaktor im Design konstituieren, damit die (Semi-)disordinalität der Interaktion dieses Faktors mit der UV geprüft werden kann. Eine ordinale Interaktion (Ordinalität für die experimentelle UV) und/oder ein Haupteffekt zu lasten der Vl invalidieren die Versuchshypothese nicht, sofern der Effekt zu lasten der experimentellen UV signifikant ist.

(b) Der Forscher sollte die Experimentatoren überprüfen, indem er z.B. einen Vertrauten als Vp entsendet, der ungewöhnliche Daten liefert (*Barber* 1976).

(c) *Rosenthal* (1969) hat den Erwartungseffekt hauptsächlich in einfachen Versuchen demonstriert, in denen zwei Bedingungen miteinander verglichen werden. Es ist kaum anzunehmen, daß komplexere Hypothesen (z.B. die eines linearen Trends, einer Interaktion usw.) Vpn unabsichtlich kundgetan werden können. In einfacheren Versuchen ist in Analogie zu den Doppel-Blind-Versuchen der medizinischen Forschung zu empfehlen, daß weder die Vpn noch die Vl wissen, unter welcher experimentellen Bedingung die Vpn stehen (*Barber* 1976, *Carlsmith* et al 1976). Dies ist manchmal möglich. Häufig ist es allerdings nur möglich, daß allein die Vl nicht wissen, unter welcher Bedingung die Vp steht. Dies wußte z.B. in der Untersuchung von *Festinger* und *Carlsmith* (1959) der Vl, der die AV erhob, nicht. Läßt sich ein Blind- oder Doppelblindversuch nicht durchführen, so scheint uns der beste Weg zur Kontrolle des Erwartungseffekts, falls ein solcher vermutet wird, darin zu bestehen, die Erwartungen der Vl orthogonal zu der experimentellen UV zu manipulieren. In diesem Fall läßt sich der Erwartungseffekt und die Interaktion der Vl-Erwartung mit der UV prüfen. Zwei der möglichen Ergebnisse sind kritisch. (1) Wenn *allein* der Erwartungs-Haupteffekt signifikant ist, so kann dies bedeuten, daß in früheren Untersuchungen die Hypothese bestätigende Ergebnisse aufgetreten sind, weil die UV mit der Vl-Erwartung konfundiert war. (2) Wenn die Interaktion signifikant ist und Disordinalität für die experimentelle UV zu verzeichnen ist (ein Effekt tritt bei "zutreffender" Erwartung auf und bleibt bei "falscher" Erwartung aus), so bedeutet dieses Ergebnis, daß der Behandlungseffekt nur bei bestimmter Vl-Erwartung auftritt; dieses Ergebnis ist eine notwendige Voraussetzung für die Falsifikation der Versuchshypothese.

Die Kontrolle des Erwartungseffekts wurde nur für den Fall empfohlen, daß er als wahrscheinlich vermutet wird. Anhand der Untersuchung von *Minor* (1970) wurde zuvor eine Situation beschrieben, in der ein solcher Effekt vermutlich auftritt. Die einschränkende Empfehlung zur Kontrolle bezieht sich auf eine schon früher getroffene Feststellung: Jeder im Experiment konstant gehaltene Faktor kann sich als Artefaktquelle erweisen (vgl. Abschnitt III, 3.3). Ob er es tatsächlich ist, kann ermittelt werden, wenn der Faktor systematisch und orthogonal zur experimentellen UV variiert wird. Diese Kontrolltechnik wird man aber nur anwenden, wenn es plausible Vermutungen über die Wirksamkeit dieses Faktors gibt. Niemand wird auf die Idee kommen, die Beleuchtungsstärke im Versuchsraum als Artefaktquelle in sozialpsychologischen Experimenten zu untersuchen, während dies in bestimmten wahrnehmungspsychologischen Untersuchungen durchaus der Fall sein kann (*Kruglanski* 1975). Das heißt, daß die generelle Artefakt-Hypothese ("In allen(vielen) Untersuchungen sind die Ergebnisse auf einen Erwartungseffekt zurückzuführen.") gut bestätigt sein muß, bevor sie zu einer generellen Kontrolle des Artefakts Veranlassung gibt (vgl. *Campbell* 1969). Nach den vorliegenden Forschungsbefunden kann aber von einer durchgehenden Bestätigung der Artefakt-Hypothese nicht die Rede sein (vgl. *Barber* 1976). Das besagt nicht, daß in einzelnen Experimenten nicht Artefakte auftreten können. Diese müssen in einem Experiment, in dem der Artefakt-Faktor orthogonal zur UV variiert wird, als Haupteffekt des Artefakt-Faktors oder als (semi-)disordinale Interaktion (s.o.) nachgewiesen werden. Nach unserem Eindruck ist der Nachweis eines derartigen Artefakts bisher sehr selten gelungen.

Die Unterscheidung zwischen einer generellen Artefakt-Hypothese und der Demonstration eines Artefakts in einer Untersuchung ist auch wichtig, wenn die Vp als Quelle von Fehlschlüssen angesehen wird (*Kruglanski* 1975). Die Erforschung von Vp-Artefakten hat sich hauptsächlich mit dem Einfluß der Freiwilligkeit (*Rosenthal* und *Rosnow* 1969), der demand characteristics (*Orne* 1969) und der Bewertungsfurcht (*Rosenberg* 1969) befaßt.

Eine generelle Artefakt-Hypothese, nach der Versuchsergebnisse nur für solche Personen gültig sind, die freiwillig die Rolle der Vp übernommen haben, hat sich nach *Kruglanski* (1975) nicht bestätigen lassen. Weiter zeigt eine Durchsicht der von *Rosenthal* und *Rosnow* (1969) aufgeführten Experimente, in denen die Interaktion zwischen der UV und der Freiwilligkeit/Nichtfreiwilligkeit geprüft wurde, daß keines zu dieser Interaktion führte (einmal wurde diese Hypothese fehlerhaft überprüft). Dies schließt natürlich nicht aus, daß es Situationen gibt, in denen eine disordinale Interaktion auftritt. Aber dies gilt für jeden beliebigen anderen Faktor auch. Es besteht kein Anlaß, die Freiwilligkeit als besonderen Artefakt-Faktor generell zu kontrollieren.

Orne definiert demand characteristics wie folgt (1969, 146): "Insofar as the subject cares about the outcome, his perception of his role and of the hypothesis being tested will become a significant determinant of his behavior. The cues which govern his perception – which communicate what is expected of him and what the experimenter hopes to find – can therefore be crucial variables... I proposed that the cues be called the "demand characteristics of an experiment". Tests einer generellen Artefakt-Hypothese (demand characteristics führen zu einer Verfälschung experimenteller Ergebnisse) haben keine Bestätigung erbracht (*Kruglanski* 1975). Der bloße Nachweis, daß Kognitionen das Verhalten beeinflussen, genügt zur Bestätigung nicht; denn Kognitionen können zwar als notwendige, nicht aber hinreichende Bedingung für ein Artefakt angesehen werden. Auch der wiederholte Nachweis, daß die Bekanntmachung der Vp mit der Hypothese ihr Verhalten beeinflußt, genügt nicht, da gezeigt werden muß, daß *spontan* im Experiment Hypothesen gebildet werden und dadurch das Verhalten so beeinflußt wird, daß invalide Ergebnisse entstehen. Am ehesten vermögen solche Untersuchungen die generelle Artefakt-Hypothese zu testen, in denen Vpn verwendet werden, von denen zu vermuten ist, daß sie aufgrund ihrer Vorgeschichte unterschiedliche Hypothesen spontan bilden (z.B. Täuschungsexperiment-erfahrene Vpn vs unerfahrene Vpn). Die Ergebnisse dieser Untersuchungen sind widersprüchlich.

Nach *Orne* (1969) kann das hypothesengeleitete Verhalten der Vp im Dienste dreier verschiedener Motivationen stehen: Die Erwartungen des Experimentators bestätigen zu wollen, ehrliche Resultate produzieren und in einem günstigen Licht erscheinen zu wollen. Diese Motivationen stimmen mit den von *Weber* und *Cook* (1972) benannten Rollen einer guten (kooperativen), ehrlichen und bewertungsängstlichen Vp überein. Außerdem benennen sie noch die negativistische Vp, die die Hypothese des Vl zu falsifizieren versucht. Nach *Weber* und *Cook* (1972) gibt es eine weitverbreitete Evidenz für die bewertungsängstliche Vp; Evidenzen zugunsten der guten und negativistischen Vp sind mit der Bewertungsfurcht konfundiert. In bestimmten Kontexten findet sich Evidenz zugunsten der ehrlichen Vp. Da diese aber per definitionem keine Resultate liefert, die zu Fehlschlüssen führen, kann diese Rolle vernachlässigt werden. Wegen der definitorischen Flexibilität der Bewertungsfurcht – *Weber* und *Cook* (1972) waren in ihrem Sammelreferat gezwungen, die Rollen post hoc aus dem Verhalten zu erschließen – sind Zweifel angebracht, ob dies die "typische" Vp-Rolle ist: "Bei einigen

Forschungsthematiken ... ist das Konstrukt *apprehensive subject* besonders schwierig zu falsifizieren. Prognosen über das Verhalten dieser Vp ... können unterschiedlich ausfallen: So können Vpn ihre Einstellung ändern, um sich als umstellungsfähig darzustellen, oder ihre Einstellung nicht ändern, um ihre Unabhängigkeit zu demonstrieren" (*Mertens* 1975, 111). *Orne* (1969) hat drei "Quasi-Kontrollen" vorgeschlagen, um die demand characteristics in einer spezifischen Situation zu entdecken: die postexperimentelle Befragung, das Non-Experiment und die Simulation. Im Non-Experiment wird den Vpn eine Beschreibung der experimentellen Situation gegeben, und sie sollen angeben, wie sie sich selbst verhalten hätten. Verhalten sich die Vpn im Non-Experiment so wie die im Experiment, ist nach *Orne* nicht entscheidbar, ob die Effekte auf die unabhängige Variable oder die demand characteristics zurückzuführen sind. Ähnliches gilt für die Simulationsstudie.

Die Quasi-Kontrollen sind mit den Schwächen behaftet, die früher schon genannt wurden. Die Vpn können nicht immer vorhersehen, wie sie sich in einer bestimmten Situation verhalten würden, und die postexperimentelle Befragung lenkt möglicherweise erst die Aufmerksamkeit der Vpn auf die Merkmale der Versuchssituation, die erfragt werden. Außerdem können erhebliche Fehler bei der Erschließung von demand characteristics auftreten. Die postexperimentelle Befragung ist z.B. häufig angewendet worden, um das awareness-Problem bei der operanten verbalen Konditionierung und klassischen Bedeutungskonditionierung zu untersuchen (vgl. *Mertens* 1975).

Die Ergebnisse scheinen dafür zu sprechen, daß die (postexperimentell erschlossene) demand awareness eine notwendige Bedingung für die erfolgreiche Konditionierbarkeit war. Dem Erkennen der Versuchshypothese muß aber das Gewahrwerden der Relation zwischen Verhalten und Verstärker bzw. konditioniertem und unkonditioniertem Reiz vorausgehen. Sofern die awareness notwendige Voraussetzung für die Konditionierbarkeit ist, sollte diese also nicht möglich sein, wenn die zu erlernende Relation "versteckt" wird. Dennoch gibt es im Bereich der operanten Konditionierung, wo sich diese Relation "verstecken" läßt, Beispiele (vgl. *Kruglanski* 1975, *Bredenkamp* und *Wippich* 1977), die zeigen, daß eben dieses "verbotene" Ereignis eintritt. Diese Ergebnisse und andere Resultate im Bereich der klassischen Konditionierung zeigen, daß das Gewahrwerden der Relation eine Folge und nicht etwa eine Bedingung der Konditionierung ist. *Mertens*' Aussage, daß aufgrund der Untersuchungen zur klassischen und operanten Konditionierung aufgezeigt werden konnte, "daß die Kognition von demand characteristics und Rollenverhalten von Vpn dazu führen, *daß experimentelle Ergebnisse tendenziell als Artefakte bezeichnet werden müssen*" (S. 128; Hervorhebung durch den Vf.), ist aufgrund der vorliegenden Evidenzen nicht akzeptabel.

Wenden wir uns zum Abschluß kurz der generellen Artefakt-Hypothese zu, daß die Bewertungsfurcht zu fehlerhaften Schlüssen führt. Im Unterschied zum Problem der nachträglichen Beurteilung, ob Bewertungsfurcht vorgelegen hat, geht es hier um die Untersuchung, wie sich die Bewertungsfurcht, wenn sie vorliegt, auf experimentelle Resultate auswirkt. Um diese Frage zu beantworten, muß die Bewertungsfurcht unabhängig von der experimentellen UV manipuliert oder selegiert werden.

Rosenberg (1969) berichtet über 10 Experimente, die diesem Problem gewidmet waren. Die Bewertungsfurcht war in jedem dieser Experimente eine manipulierte Variable. In vier Experimenten (Exp. 1, S. 291–296; Exp. 3, S. 298–301; Exp. 4, S. 307–309; Exp. 5, S. 309–310) war die experimentelle Variable mit der Bewertungsfurcht konfundiert; in einem Experiment (Exp. 2, S. 296–298) ist die Bewertungsfurcht *allein* manipuliert worden, ohne daß eine experimentelle UV vorlag. Diese Experimente fallen also für die Beantwortung der o.g. Frage aus. In den übrigen Experimenten wurde die Bewertungsfurcht (Variable B_1) unabhängig von der experimentellen UV

(Variable A) manipuliert. In zwei Untersuchungen (Exp. 6, S. 310–318; Exp. 7, S. 318–321) wurde die experimentelle UV durch folgende Modalitäten konstituiert: (a) Information, daß die meisten anderen Personen die auf Fotos abgebildeten Menschen mögen, (b) nicht mögen; (c) Kontrollbedingung ohne Beeinflussung. Abhängige Variablen waren drei Ratings: wie sehr die Vp die abgebildete Person mag, wieviel Erfolg die abgebildete Person gehabt hat und wie intelligent sie ist.

In Experiment 6 war eine dritte Variable manipuliert worden, die ebenfalls das Konstrukt Bewertungsfurcht repräsentieren soll (Variable B_2). Die Interaktion AxB_1xB_2 war signifikant, wobei die Analyse der einfachen einfachen Haupteffekte allerdings ein Ergebnismuster ergab, das der "Theorie" von *Rosenberg* widerspricht. *Rosenberg* stützt sich hauptsächlich auf die Analysen eines Teils der einfachen AxB_1-Interaktionen, wobei nur die Modalitäten (a) und (b) der experimentellen UV berücksichtigt werden. Für eine Modalität von B_2 werden keine Interaktionen berichtet; für die andere Modalität ist AxB_1 für das Sympathierating signifikant, für die beiden anderen Ratings jedoch nicht. Die eine signifikante Interaktion zeigt Ordinalität für die experimentellen Effekte. Bemerkenswert ist noch, daß von sechs Tests der einfachen einfachen Haupteffekte der Bewertungsfurcht nur zwei signifikant waren.

Ähnliche Resultate ergaben sich in Experiment 7. Wenn die Interaktionen zwischen experimenteller UV und Bewertungsfurcht signifikant sind, dann handelt es sich für den Behandlungsfaktor um ordinale Effekte. In dieser Untersuchung ist von sechs Tests der einfachen einfachen Effekte der Bewertungsangst keiner signifikant geworden. Nimmt man die Ergebnisse des Experiments 6 hinzu, so ist in 2 von 12 Fällen die Bewertungsfurcht bedeutsam gewesen. Unter der Nullhypothese ist bei $\alpha = 0.05$ die Wahrscheinlichkeit von zwei oder mehr signifikanten Resultaten bei 12 unabhängigen Tests 0.12. Das Ergebnis ist also gut mit der Nullhypothese verträglich und zeigt an, daß auch die Interaktionen nicht sehr groß gewesen sein können. Diese Feststellung ist insofern interessant, als *Rosenberg* optimale Bedingungen für die Wirkung der Variablen "Bewertungsfurcht" geschaffen hatte.

Etwas anders liegt der Fall, wenn die Bewertungsfurcht unabhängig vom Erwartungseffekt des Vl manipuliert wird (Experimente 8–10). Es ergaben sich zweimal disordinale Interaktionen (Experiment 8, das mit der Untersuchung von *Minor* (1970) identisch ist; Experiment 10); einmal wird nur berichtet, daß der Erwartungseffekt nicht replizierbar war (Experiment 9). Die disordinalen Interaktionen zeigen an, daß der Erwartungseffekt nur bei bewertungsängstlichen Vpn auftritt.

Von einer Bestätigung der generellen Artefakt-Hypothese kann nach den Befunden *Rosenbergs* (1969) nicht die Rede sein. In speziellen Untersuchungen kann jedoch die Bewertungsfurcht die Ergebnisse modifizieren (vgl. Abschnitt III, 3.2). *Carlsmith* et al (1976) unterbreiten Vorschläge, wie der verfälschenden Wirkung der demand characteristics und der Bewertungsfurcht vorgebeugt werden kann. Einige seien hier wiedergegeben:

(1) Die AV wird in einem anderen Kontext als die UV erhoben (vgl. *Festinger* und *Carlsmith* 1959). Dadurch verringert sich die Möglichkeit, daß die Vpn durch eigene Hypothesen beeinflußt werden. Außerdem wird sich eine Vp weniger bemühen, positiv bewertet zu werden, wenn ein Experimentator die Daten erhebt, der mit dem Experiment nichts zu tun zu haben scheint (vgl. *Rosenberg* 1969).

(2) Die Vpn bemerken nicht, daß sie die Vpn sind, sondern meinen, Helfer des Vl zu sein (vgl. *Festinger* und *Carlsmith* 1959).

(3) Die Vpn bemerken nicht, daß sie in einer experimentellen Situation stehen. Diese auch von *Campbell* (1969) favorisierte Bedingung ist z.B. in einer Untersuchung von *Abelson* und *Miller* (1967) erfüllt. Sie unterscheidet sich von der Felduntersuchung,

in der die Vpn um ihre Rollen als Vp wissen, und in der Artefakte auftreten können (vgl. *Roethlisberger* und *Dickson* 1939; vgl. Abschnitt III, 3.3).

(4) Statt der Ratings sollten, wenn immer möglich, behaviorale Maße verwendet werden.

(5) Wenn möglich, sollten Hypothesen formuliert werden, die von den Vpn nicht leicht zu erraten sind (z.B. Hypothesen einer Interaktion, eines bestimmten Trends etc.).

Die hier präsentierten und diskutierten Ergebnisse zur Sozialpsychologie des Experiments sind dem Aspekt der ökologischen Validität zu subsumieren. Sie wurden für die Darstellung ausgesondert, um zu zeigen, daß generelle Artefakt-Hypothesen als wenig bestätigt angesehen werden müssen, so daß eine generelle Kontrolle dieser Verfälschungsmöglichkeiten nicht indiziert ist. Außerdem ist der Nachweis spezieller Artefakte selten geführt worden. Verwunderlich ist deshalb die Aussage *Mertens'* (1975), mit der er das Schlußkapitel seines Berichts über die Sozialpsychologie des Experiments einleitet (S. 179):

"Nachdem sich die positivistische Position eines Objektivitätsstandards bei der bislang als am objektivsten angesehenen Methode – dem Laboratoriumsexperiment –... nicht länger vertreten läßt, sollten Sozialforscher bewußt die Chance ergreifen, den Menschen als soziales und historisch sich veränderndes Wesen zu begreifen... und ihn am Handlungsprozeß der Erforschung als Subjekt zu beteiligen. Dieses Prinzip steht im Mittelpunkt der Aktionsforschung". Wie immer auch die vorliegenden Befunde zur Sozialpsychologie bewertet werden mögen: Es sind weitgehend *experimentelle* Befunde, die *Mertens* für eine "Abschaffung" des Experiments plädieren lassen. Mit der "Objektivität" dieser Untersuchungen ist es jedoch, vorsichtig ausgedrückt, zumindest nicht besser bestellt als bei den Experimenten, die "abgeschafft" werden sollen. Wie derartige Experimente im Rahmen ganzer Forschungsprogramme verbessert werden können, war unser Thema und wird es im folgenden wieder sein.

V. Versuchsplanung und -auswertung im Rahmen der deduktivistischen Theorie des Experiments

1. Überblick

Manchmal besteht die Möglichkeit, eine experimentelle UV inter- oder intraindividuell zu manipulieren. Im nächsten Abschnitt (V,2) wird auf das Problem eingegangen, wie der Experimentator die Manipulation der UV vornehmen sollte.

In Abschnitt V,3 werden Strategien der Planung und Auswertung von Experimenten dargestellt, in denen die UV(n) interindividuell manipuliert wurden. Zunächst wird auf einfaktorielle univariate Experimente eingegangen, in denen die interindividuelle Varianz nicht kontrolliert wird (V, 3.1). Es folgt die Darstellung mehrfaktorieller univariater Experimente (V, 3.2), bevor dann auf multivariate Experimente übergegangen wird (V, 3.3). Kapitel V,4 ist Versuchsplänen mit Meßwiederholung gewidmet.

2. Intra- oder interindividuelle Manipulation?

Nicht immer besteht die Möglichkeit, zwischen einer intra- und interindividuellen Manipulation wählen zu können. Es wurde bereits darauf hingewiesen, daß in der Untersuchung von *Festinger* und *Carlsmith* (1959) die Einstellungs*änderung* nur über eine interindividuelle Manipulation der UV erfaßt werden konnte (vgl. Abschnitt III, 3.1). Der Grund hierfür liegt in der Kontrolle bestimmter Fehlerquellen, die zur Scheinbestätigung oder -falsifikation einer Hypothese führen. Manchmal hat der Experimentator jedoch die Wahl, auch wenn ihm dies nicht notwendigerweise bewußt ist, da bestimmte Untersuchungsthemen mit bestimmten Designs fest verbunden zu sein scheinen.

In Untersuchungen des Potenzgesetzes von *Stevens* z.B. werden *denselben* Vpn immer verschiedene Reize in randomisierter Folge zur Beurteilung vorgelegt, obwohl auch eine interindividuelle Manipulation der Reizgröße möglich ist. Ähnlich verhält es sich z.B. in Experimenten, in denen der Einfluß der Bildhaftigkeit des Lernmaterials auf die Lernleistung untersucht wird. Meistens wird in diesen Untersuchungen die UV interindividuell manipuliert; denkbar ist jedoch auch eine intraindividuelle Manipulation.

Unbezweifelbar ist die intraindividuelle Manipulation ökonomischer, da sie weniger Vpn erforderlich macht, um eine bestimmte Stärke des statistischen Tests zu erreichen. Darauf werden wir zu sprechen kommen (vgl. Abschnitt V,4). An dieser Stelle interessiert dieser Unterschied jedoch nicht. Fundamentaler ist der Unterschied bzgl. der Situation, in der sich die Vpn befinden. Bei der interindividuellen Manipulation wird jede Vp nur einer einzigen experimentellen Bedingung ausgesetzt, während bei intraindividuellen Variationen verschiedene Behandlungen erfahren werden. Damit wird ein bestimmter Kontext induziert, in den jede experimentelle Behandlung eingebettet ist. Zwei verschiedene Beispiele mögen dies belegen.

(1) Im Bereich der Erforschung instrumentellen Lernens spielt die Frage eine Rolle, wie sich die Belohnungsmenge auf die Verhaltensstärke auswirkt (vgl. *Bredenkamp* und *Wippich* 1977). Eine Möglichkeit zur Untersuchung dieser Frage besteht darin, die Belohnungsmenge interindividuell zu manipulieren. Eine andere Möglichkeit ist die der intraindividuellen Manipulation, die zu Ergebnissen führt, welche mit dem Terminus "Kontrasteffekt der Belohnungsmenge" belegt wurden. Der Ausdruck macht deutlich,

daß hier ein Effekt der Belohnungs*verminderung* oder *-erhöhung* vorliegt. Dieses Ergebnisse haben einen völlig anderen Bezug zur Hypothesenprüfung als die Resultate interindividueller Manipulationen. Es geht um die Frage, ob sich Belohnungs*veränderungen* auf das Lernen oder Verhalten auswirken, während bei der interindividuellen Manipulation untersucht wird, wie die Verhaltensstärke von der "isoliert" erfahrenen Belohnungsmenge abhängt.

(2) Hat die Vp die Aufgabe, verschiedene Reize, die in randomisierter Reihenfolge dargeboten werden, auf ihre Größe hin zu beurteilen (magnitude estimation), so bestätigt sich immer wieder das Potenzgesetz:

$$R = a\,S^{p} \text{ oder}$$

$$\log R = \log a + p \log S$$

S ist die Reizgröße (z. B Schwere des Gewichts), R die Größenschätzung, und a und p sind Konstanten. Die Größe dieser Konstanten hängt vom Kontext ab. Werden Gewichte von 200 g, 300 g, 400 g beurteilt, ergeben sich andere Konstanten, als wenn die Schwere der zu beurteilenden Gewichte 200 g, 2000 g und 10000 g beträgt. *Innerhalb* jedes Kontextes gilt jedoch das Potenzgesetz. *Teghtsoonian* (1973) hat das Potenzgesetz von *Stevens* modifiziert:

$$b_R = b_S^{\,p + c/\log b_S} \qquad (c \neq 0),$$

wobei b_R der Quotient zweier Wahrnehmungsurteile und b_S der Quotient zweier Reizgrößen ist. Nach *Stevens* wäre zu erwarten, daß

$$b_R = b_S^{p}.$$

Zur Modifikation des Potenzgesetzes ist *Teghtsoonian* (1973) gekommen, indem er die Reizverhältnisse b_S *inter*individuell manipulierte. Damit wurde aber zugleich die Prüfsituation völlig verändert. *Teghtsoonians* Gesetz besagt etwas über den Zusammenhang *verschiedener* Kontexte und der Reizbeurteilung.

Die Erfahrung von experimentellen Behandlungen in einem induzierten Kontext wird unter verschiedenen Begriffen wie carry-over, Übung, Sensitivierung (vgl. *Carlsmith* et al 1976, *Greenwald* 1976) subsumiert. Ob die UV intra- oder interindividuell manipuliert werden soll, kann nicht immer eindeutig entschieden werden, da meistens verschiedene Fragestellungen zugrunde liegen. Wenn überhaupt die Wahl zwischen beiden Vorgehensweisen besteht, sollte der Experimentator überlegen, ob er nicht beide in einem einzigen Versuch zusammenführt, dessen statistische Analyse kürzlich von *Erlebacher* (1977) geleistet wurde. Sie ermöglicht u. a. die Prüfung der Wechselwirkung zwischen der experimentellen UV und dem Designtyp (inter- vs. intraindividuelle Manipulation der UV) und damit die Beantwortung der Frage, inwieweit der durch intraindividuelle Manipulation induzierte Kontext sich modifizierend auf die Relation zwischen UV und AV auswirkt.

Auf einen Aspekt sind wir bisher nicht eingegangen, der im Rahmen einer deduktivistischen Theorie des Experiments besonders wichtig ist. Wenn die intraindividuelle Manipulation nicht deshalb unmöglich erscheint, weil der Gegenstand der Untersuchung zerstört wird, sollte sie vorgenommen werden, damit die psychologische Hypothese *strenger* geprüft werden kann. Mit dieser Aussage greifen wir einen früheren Gedankengang wieder auf (vgl. Abschnitt III, 1). Die intraindividuelle Manipulation ist z. B. bei der Prüfung psychophysikalischer Gesetze möglich. Wenn jede Vp unter jeder Reizbedingung wiederholt ihr Wahrnehmungsurteil abgegeben hat, läßt sich z. B. für das Potenzgesetz $\log R = \log a + p \log S$ prüfen, ob die Interaktion zwischen den Vpn und $\log S$ und ob die Wechselwirkungen zwischen den Vpn und $(\log S)^2$, $(\log S)^3$ usw.

signifikant sind. Ist keine dieser Interaktionen signifikant, so gilt das Potenzgesetz für den durch die verwendeten Reize induzierten Kontext mit einer interindividuell konstanten Größe p. Ist nur die Wechselwirkung log SxVpn signifikant und für log S ordinal, dann gilt das Potenzgesetz mit interindividuell verschiedenen Werten für p. Ist jedoch auch eine der höheren Komponenten $(\log S)^j x Vpn$ $(j > 1)$ bedeutsam, so heißt dies, daß das Gesetz nicht für jede Vp gilt. Dies ist eine notwendige Voraussetzung für die Falsifikation des Gesetzes. Alle gegebenen Interpretationen gelten für den Fall, daß der Haupteffekt $\overline{\log R_j} = \overline{\log a} + \overline{p} \log S$ signifikant ist, während die Haupteffekte von $(\log S)^2$, $(\log S)^3$ usw. nicht bedeutsam sind (linke Hälfte der Tab. 4). Sollte bereits dies nicht gelten, so ist das geprüfte Gesetz nicht bestätigt worden. Die Ergebnisse dieser Argumentation, die ausführlich bei *Bredenkamp* (1979a) dargestellt ist, sind in Tab. 4 aufgeführt. Die beschriebene Prüfung ist strenger als ein Versuch, in dem die Reizgröße interindividuell manipuliert wurde. Für einen derartigen Versuch kann aus der Gültigkeit des Potenzgesetzes nur abgeleitet werden, daß die mittleren Wahrnehmungsurteile linear von log S abhängen, während der nicht-lineare Trend Null ist. Es folgt also die Konjunktion nur zweier statistischer Hypothesen, deren Falschheit eine notwendige Voraussetzung für die Falsifikation des Potenzgesetzes ist. Die intraindividuelle Manipulation führt jedoch dazu, daß aus dem Potenzgesetz die Konjunktion von drei oder vier statistischen Hypothesen hergeleitet werden kann, so daß es dem Gesetz schwerer gemacht wird, sich zu bewähren. Selbstverständlich kann der Prüfversuch noch um verschiedene Kontextbedingungen erweitert werden, und das Potenzgesetz bewährt sich nur, wenn es innerhalb jeder Kontextbedingung bestätigt wird (vgl. dazu *Bredenkamp* 1979a).

Tab. 4: Ergebnisse eines fiktiven Experiments zur Untersuchung des Potenzgesetzes und ihre Bedeutung

	Bestätigt wurden	
Bestätigt wurden	$HH_{1\,(lin)} \wedge HH_{o\,(nonlin)}$	nicht $(HH_{1\,(lin)} \wedge HH_{o\,(nonlin)})$
HI_o	Potenzgesetz wurde mit interindividuell konstanter Größe p bestätigt.	Potenzgesetz wurde nicht bestätigt.
HI_1: $HI_{1\,(lin)} \wedge HI_{o\,(nonlin)}$	Potenzgesetz wurde mit interindividuell variabler Größe p bestätigt.	Potenzgesetz wurde nicht bestätigt.
HI_1: nicht $(HI_{1\,(lin)} \wedge HI_{o\,(nonlin)})$	Potenzgesetz wurde nicht bestätigt.	Potenzgesetz wurde nicht bestätigt.

$HH_{1\,(lin)}$: Es besteht ein linearer Haupteffekt von log S auf das Wahrnehmungsurteil.

$HH_{o\,(nonlin)}$: Es besteht kein nonlinearer Haupteffekt auf das Wahrnehmungsurteil.

$HH_{1\,(lin)} \wedge HH_{o\,(nonlin)}$: Beide Hypothesen treffen zu.

HI_o : Es bestehen keine Interaktionseffekte

HI_1 : Es bestehen Interaktionseffekte.

$HI_{1\,(lin)} \wedge HI_{o\,(nonlin)}$: Es bestehen lineare Interaktionseffekte und es fehlen nonlineare Interaktionseffekte.

3. Planung und Auswertung von Experimenten mit interindividueller Manipulation

3.1 Einfaktorielle univariate Experimente

Bei univariaten Experimenten handelt es sich um Versuche mit einer abhängigen Variablen (vgl. Abschnitt I). Üblicherweise werden diese Experimente varianzanalytisch ausgewertet. Die Varianzanalyse läßt sich als Spezialfall der multiplen Regressionsanalyse abhandeln (vgl. *Cohen* und *Cohen* 1975). Diese Behandlung hat bestimmte Vorteile, die später deutlich werden.

Das Quadrat der multiplen Korrelation zwischen einer Menge von k-1 unabhängigen Variablen und einer abhängigen Variablen Y läßt sich wie folgt schreiben:

(1) $\hat{R}^2_{y \cdot 1,2,3 \ldots k-1} = \hat{r}^2_{y \cdot 1} + \hat{r}^2_{y(2 \cdot 1)} + \hat{r}^2_{y(3 \cdot 2,1)} + \ldots \hat{r}^2_{y(k-1 \cdot k-2, k-3, \ldots, 1)}$

Dabei ist $\hat{R}^2$ das für gegebene Daten zu errechnende multiple Korrelationsquadrat, $\hat{r}^2_{y1}$ ist die quadrierte Produktmomentkorrelation zwischen der ersten unabhängigen Variable und Y, $\hat{r}^2_{y(2 \cdot 1)}$ ist das Quadrat der semipartiellen Korrelation zwischen Y und der zweiten unabhängigen Variablen, nachdem der Einfluß des ersten Prädiktors auf diese Variable auspartialisiert wurde usw. Wenn alle unabhängigen Variablen unkorreliert sind, vereinfacht sich (1) zu

(1') $\hat{R}^2_{y \cdot 1,2,3 \ldots k-1} = \hat{r}^2_{y1} + \hat{r}^2_{y2} + \ldots + \hat{r}^2_{y,k-1}$

Ist nun in einem einfaktoriellen Experiment die unabhängige Variable ein qualitativer Faktor, so kann seine Information durch eine Menge von Variablen mit je einem Freiheitsgrad repräsentiert werden. Z. B. haben *Festinger* und *Carlsmith* (1959) in ihrem schon mehrfach erwähnten Experiment drei verschiedene Gruppen von Vpn untersucht. Sieht man die unterschiedlichen Behandlungen dieser Gruppen als Modalitäten einer UV mit k-1 = 2 Freiheitsgraden an, so läßt sich die Information dieser Variablen durch zwei neue Variablen mit je einem Freiheitsgrad ausschöpfen. Eine Variable kontrastiert schwachen mit starkem Druck. Die Zahlenzuordnung zu dieser Variablen X_1 könnte so erfolgen, daß "schwacher" Druck = 1, "starker Druck" = -1 und "kein Druck" = 0. Die Zahlenzuordnung erfolgt in diesem Fall so, daß der Mittelwert von X_1 Null ist, was bestimmte Vorteile hat. Die zweite Variable kontrastiert "Druck" vs. "kein Druck". Da unter der Bedingung "Druck" doppelt so viele Vpn geprüft werden wie unter der Bedingung "kein Druck", erhalten die Modalitäten "schwacher Druck" und "starker Druck" jeweils den Wert 1/2, und "kein Druck" den Wert -1. Der Mittelwert X_2 ist ebenfalls Null, und die Korrelation zwischen X_1 und X_2 ist Null. Deshalb gilt für das Experiment von *Festinger* und *Carlsmith* (1959): $\hat{R}^2_{y \cdot 1,2} = \hat{r}^2_{y1} + \hat{r}^2_{y2}$. Das multiple Korrelationsquadrat gibt den Anteil an der gesamten Varianz wieder, der durch beide Prädiktoren aufgeklärt wird; $\hat{r}^2_{y1}$ und $\hat{r}^2_{y2}$ geben die Varianzanteile wieder, die durch die jeweilige unabhängige Variable aufgeklärt werden.

In der Untersuchung von *Festinger* und *Carlsmith* (1959) entspricht die Konstruktion der linear unabhängigen Variablen X_1 und X_2 den Hypothesen des Versuchs. Man kann nun auch das beschriebene Konstruktionsprinzip zur *Berechnung* einer multiplen Korrelation anwenden, wenn entsprechende Hypothesen nicht vorliegen. In einem Versuch werden z. B. 4 Lehrmethoden A,B,C,D miteinander hinsichtlich des Erfolgs verglichen. Diese Variable läßt sich in drei linear unabhängige Variablen $X_1 = \{1, -1/3, -1/3, -1/3\}$, $X_2 = \{0, 1, -1/2, -1/2\}$ und $X_3 = \{0, 0, 1, -1\}$ kodieren. Man erkennt das Prinzip der Konstruktion: X_1 kontrastriert Methode A mit allen anderen, X_2 läßt

Methode A außer acht und kontrastiert B mit den beiden übrigen Methoden usw. Es gilt: $\hat{R}^2_{y \cdot 1,2,3} = \hat{r}^2_{y1} + \hat{r}^2_{y2} + \hat{r}^2_{y3}$. In diesem Fall geben die quadrierten Korrelationen $\hat{r}^2_{y1}$ usw. keine hypothesenbezogenen Informationen, da die Kodierung inhaltlichen Hypothesen nicht entsprach und *nur zur Berechnung* des multiplen Korrelationsquadrats vorgenommen wurde. Auf andere Kodierungen, die zu linear abhängigen Prädiktoren X_1, X_2, X_3 führen, gehen wir erst später ein; diese Kodierungen führen zu demselben $\hat{R}^2$.

Ausgegangen wurde von der Feststellung, daß die Varianzanalyse ein Spezialfall der multiplen Regressionsanalyse ist (vgl. auch den Anhang). Tatsächlich läßt sich $\hat{R}^2_{y \cdot 1,2,3}$ ohne Kodierung der unabhängigen Variablen aus den Informationen einer Varianzanalyse berechnen, da folgende Beziehung, am Beispiel demonstriert, gilt:

(2) $\hat{R}^2_{y \cdot 1,2,3}$ = Quadratsumme zwischen Lehrmethoden / totale Quadratsumme = QS (zwischen) / QS (total)

Der varianzanalytische F-Wert (Varianz zwischen den Lehrmethoden / Varianz innerhalb der Lehrmethoden) mit den Freiheitsgraden (FG) = 3/N-4 entspricht dem F-Wert zur Prüfung der Signifikanz des multiplen Korrelationsquadrats:

$$(3)\quad F = \frac{\hat{R}^2_{y \cdot 1,2,3} / 3}{(1-\hat{R}^2_{y \cdot 1,2,3}) / (N-4)} \qquad FG = 3/N-4$$

In einer einfaktoriellen Varianzanalyse gibt der Quotient QS (zwischen) / QS (total) den in der *Stichprobe* durch die unabhängige Variable erklärten Varianzanteil wieder. Dieser Quotient entspricht dem multiplen Korrelationsquadrat $\hat{R}^2$. Da die multiple Korrelation umso größer wird, je mehr Prädiktoren in die Regressionsgleichung eingehen, empfiehlt es sich, das multiple Korrelationsquadrat als Maß für die aufgeklärte Varianz oder praktische Signifikanz zu korrigieren (vgl. *Cohen* und *Cohen* 1975):

$$(4)\quad \text{korrigiertes } \hat{R}^2_{y \cdot 1,2,\ldots,k-1} = 1-(1-\hat{R}^2_{y \cdot 1,2,\ldots,k-1})\frac{N-1}{N-k}$$

(zu anderen Korrekturformeln vgl. *Carter* 1979).

Das korrigierte $\hat{R}^2$ ist nicht, wie manche Autoren behaupten, eine erwartungstreue Schätzung des multiplen R^2 in der Population (vgl. dazu *Bredenkamp* 1970). Dasselbe gilt für *Hays'* (1963) $\hat{\omega}^2$, das wie folgt zum korrigierten $\hat{R}^2$ in Beziehung steht (vgl. *Bredenkamp* 1970):

$$(5)\quad \text{korrigiertes } \hat{R}^2 = \frac{N\,\hat{\omega}^2}{N-(1-\hat{\omega}^2)}$$

Eines der drei Maße sollte immer zusätzlich zur Berechnung eines Signifikanztests angegeben werden, da der statistische Test nichts über die Größe einer Relation zwischen UV und AV aussagt. Dies ist erforderlich, um in späteren Untersuchungen Anhaltspunkte für die Spezifizierung der Effektgröße zu erhalten, die mit einer bestimmten Wahrscheinlichkeit $1-\beta$ als signifikant entdeckt werden soll. Schätzformeln für ω^2, auf das im folgenden nicht mehr eingegangen wird, geben für verschiedene Designs z.B. *Halderson* und *Glasnapp* (1972), *Dodd* und *Schulz* (1973) und *Dwyer* (1974). Bei allen genannten Maßen sollte immer bedacht werden, daß der Zusammenhang zwischen den *spezifischen* Modalitäten einer UV und der AV zum Ausdruck gebracht wird; eine statistische Verallgemeinerung auf andere Modalitäten einer UV ist nicht zulässig. Dennoch ist die Berechnung in jedem einzelnen Experiment informativ, da ein interexperimenteller Vergleich der Werte der praktischen Signifikanz Aufschluß über die "Durchschlagkraft" bestimmter UVn gibt, die konzeptuell repliziert wurden.

Wir favorisieren $\hat{R}^2$ bzw. das korrigierte $\hat{R}^2$, weil dieses Maß nicht vortäuscht, eine *Schätzung* für einen Parameter zu sein. Es genügt zu wissen, wie groß der Zusammenhang für ein bestimmtes Experiment ist, da im Rahmen der deduktivistischen Theorie keine Verallgemeinerungen auf Populationen angestrebt sind.

Wird die Varianzanalyse als Spezialfall der multiplen Regressionsanalyse verstanden, so läßt sich der Stichprobenumfang N* schätzen, der benötigt wird, um einen Effekt der Größe R^2 mit einer Wahrscheinlichkeit 1-β zu entdecken (vgl. *Cohen* und *Cohen* 1975, *Cohen* 1977):

(6) $N^* = L/f^2 + k$

wobei $L = f^2 (N^*-k)$ = Nonzentralitätsparameter der χ^2-Verteilung

$f^2 = R^2 / (1-R^2)$, wobei R^2 das multiple Korrelationsquadrat in der Population ist.

k = 1 + Anzahl der Prädiktoren = Anzahl der Modalitäten der UV.

Im folgenden wird R immer für die Größe einer Populationskorrelation geschrieben, während $\hat{R}$ für die Größe der Korrelation in der Stichprobe steht.

Gleichung (6) gilt für ein einfaktorielles Experiment. Später wird sie wie überhaupt der multiple Regressionsansatz für mehrfaktorielle Experimente spezifiziert werden.

Es sei angenommen, in dem Experiment mit 4 Lehrmethoden solle ein Effekt $R^2 = 0.10$ mit einer Wahrscheinlichkeit $1-\beta = 0.95$ entdeckt werden. α wird auf 0.05 festgesetzt. Für drei Prädiktorvariablen ist unter der Bedingung $\alpha = 0.05$ und $1-\beta = 0.95$ in Tab. 9.4.2 bei *Cohen* (1977, S. 441) für u=k-1=3 ein L = 17.17 zu finden. Da $f^2 = 1/9$ und k=4, ergibt sich N* zu 158.53. Diese Zahl wird zu der nächst höheren durch 4 dividierbaren Zahl aufgerundet. Es sind somit unter jeder experimentellen Bedingung 40, insgesamt also 160 (=4x40) Vpn notwendig, um ein $R^2 = 0.10$ mit einer Wahrscheinlichkeit von 0.95 bei $\alpha = 0.05$ zu entdecken. Wenn ein $R^2 = 0.20$ mit derselben Wahrscheinlichkeit entdeckt werden soll, ist N* = 76 (=4x19), und bei $R^2 = 0.25$ ist N* = 56 (=4x14).

Diese Spezifikationen erfolgen *vor* der Durchführung eines Experiments. Nehmen wir an, es seien $\alpha = 0.05$, $1-\beta = 0.95$ und $R^2 = 0.25$ für den Vergleich der vier Lehrmethoden festgelegt worden. Dann ist N* = 56. Es wird ein Experiment mit N = 56 Pbn durchgeführt. Wichtig ist, daß die Vpn gleichmäßig den experimentellen Bedingungen zugeordnet werden, so daß unter jeder Bedingung 14 Vpn beobachtet werden; anderenfalls gilt nicht, daß, wenn $R^2 = 0.25$, $1-\beta = 0.95$. Das Experiment kann zwei Ergebnisse haben: (a) H_1 wird angenommen, (b) H_o wird angenommen.

Zu (a):

Unter der Nullhypothese $R^2 = 0$ hat dieses Ergebnis eine Wahrscheinlichkeit $\alpha = 0.05$. Unter der Alternativhypothese $R^2 \geq 0.25$ hat dieses Ergebnis eine Wahrscheinlichkeit von $1-\beta \geq 0.95$. Unter der Alternativhypothese $0 < R^2 < 0.25$ hat dieses Ergebnis eine kleinere Wahrscheinlichkeit als 0.95, deren genaue Größe unbekannt ist. In diesem Fall hat der Experimentator "Glück" gehabt, H_o zurückweisen zu können. Um diese Möglichkeit ins Auge zu fassen, sollte er für die erhaltenen Daten das korrigierte $\hat{R}^2$ berechnen. Liegt dieser Wert z.B. bei 0.10, so ist damit zu rechnen, daß in weiteren Experimenten, die von $R^2 = 0.25$ ausgehen und diesem Parameter N* zuordnen, manchmal H_o, manchmal H_1 bestätigt wird. Wie dann zu verfahren ist, wurde bereits geschildert (vgl. Abschnitt III, 3.2).

Zu (b):

Unter der Nullhypothese $R^2 = 0$ hat dieses Ergebnis eine Wahrscheinlichkeit $1-\alpha = 0.95$, unter der Alternativhypothese $R^2 \geq 0.25$ eine Wahrscheinlichkeit $\beta \leq 0.05$. Ist $0 < R^2 < 0.25$, so ist die Wahrscheinlichkeit für die Annahme der Nullhypothese unbekannt, aber größer als 0.05. Ergibt eine nachträgliche Schätzung von R^2 z.B. 0.10, so sind in weiteren Versuchen manchmal Bestätigungen von H_o, manchmal von H_1 zu erwarten (s.o.).

Bei der Spezifikation von N* wurde gänzlich von der Reliabilität der AV abgesehen. Der Grund hierfür ist, daß sich entgegen der Auffassung einiger Autoren (z.B. *Subkoviak* und *Levin* 1977) keine eindeutige Beziehung zwischen der Teststärke und der Reliabilität angeben läßt (*Nicewander* und *Price* 1978). Deutlich wird dies, wenn für f^2 geschrieben wird:

$$f^2 = \frac{\sum_j (\mu_j - \mu)^2}{k \cdot \sigma_y^2} = \frac{\sum_j (\mu_j - \mu)^2}{k[\sigma^2(W) + \sigma^2(E)]}$$

σ_y^2 = Varianz innerhalb der Populationen
μ_j = Mittelwert der j-ten Population
μ = Gesamtmittelwert

$\sigma^2(W)$ ist die Varianz der wahren, $\sigma^2(E)$ die Varianz der Fehlerwerte im Sinne der klassischen Testtheorie. Die Teststärke ist eine monoton steigende Funktion von f^2, und die Reliabilität eines Tests ist im Rahmen der klassischen Testtheorie als Verhältnis $\sigma^2(W)/(\sigma^2(W) + \sigma^2(E))$ definiert. Wenn nun davon ausgegangen wird, daß $\sigma^2(W)$ und $\sigma^2(E)$ manipuliert werden, ohne daß sich etwas an der Größe von $\Sigma\ (\mu_j - \mu)^2$ ändert, so läßt sich keine Beziehung zwischen der Reliabilität und der Teststärke auffinden. Vermindern sich $\sigma^2(W)$ und $\sigma^2(E)$, so wird f^2 und damit die Teststärke größer, während die Reliabilität steigen oder fallen kann, je nachdem, in welchem Verhältnis $\sigma^2(W)$ und $\sigma^2(W) + \sigma^2(E)$ nach der Manipulation zueinander stehen. Vergrößern sich $\sigma^2(W)$ und $\sigma^2(E)$, so wird die Teststärke geringer, aber die Reliabilität kann steigen oder fallen (vgl. *Nicewander* und *Price* 1978). So kann es durchaus sein, daß die Teststärke ein Maximum ist, wenn die Reliabilität Null (*Overall* und *Woodward* 1975, 1976) oder Eins ist (*Fleiss* 1976).

Wenn jedoch Tests als abhängige Variablen miteinander verglichen werden, die verschieden lang sind, wächst die Stärke des statistischen Tests monoton mit der Reliabilität. Dies läßt sich leicht zeigen. Die Varianz der Summe von m gleichen Tests ist unter der Voraussetzung gleicher Teilvarianzen und gleicher Korrelationen zwischen den Testteilen (r_{yy})

$$\sigma_{my}^2 = m\,\sigma_y^2 + m(m\text{-}1)\, r_{yy}\, \sigma_y^2.$$

Diese Varianz ist Bestandteil der *Spearman-Brown*-Formel zur Abschätzung der Reliabilität eines m-mal verlängerten Tests. Definiert ist diese Reliabilität im Rahmen der klassischen Testtheorie als

$$r_{myy} = \frac{\sigma^2 mw}{\sigma^2 my}.$$

Korrelieren die wahren Werte aller Testteile mit 1 und sind die Varianzen aller wahren Werte gleich, ergibt sich die bekannte *Spearman-Brown*-Formel:

$$r_{myy} = \frac{m^2\,\sigma^2 w}{m\,\sigma^2{}_y\,(1 + (m\text{-}1)\, r_{yy})} = \frac{m r_{yy}}{1 + (m\text{-}1)\, r_{yy}}$$

Um nun die Beziehung zur Teststärkeanalyse herzustellen, wird der Index f_y^2 für einen Testteil explizit definiert:

$$f_y^2 = \frac{\sum_j^k (\mu_j - \mu)^2}{k \cdot \sigma_y^2} = \frac{R^2}{1 - R^2}$$

Für einen m-mal verlängerten Test ergibt sich:

$$f^2_{my} = \frac{\Sigma(m\mu_j - m\mu)^2}{k \cdot \sigma^2 my} = \frac{m^2 \Sigma(\mu_j - \mu)^2}{k\, m\, \sigma^2_y (1 + (m\text{-}1)\, r_{yy})} = \frac{R^2}{(1-R^2)\left[\frac{1}{m} + \frac{m-1}{m} r_{yy}\right]}$$

$$f^2_{my} = \frac{f^2_y}{\left[\frac{1}{m} + \frac{m\text{-}1}{m} r_{yy}\right]}$$

Da die Teststärke eine monoton steigende Funktion des Nonzentralitätsparameters $L = f^2\ (N\text{-}k)$ ist und $f^2_{my} > f^2_y$, ergibt sich auch, daß die Teststärke einer Hypothesenprüfung umso größer ist, je länger der als AV verwendete Test ist.

Diese Beziehung kann man zur Planung des Stichprobenumfangs ausnutzen. Ist die Reliabilität r_{yy} bekannt, oder kann r_{yy} geschätzt werden, und soll mit einer bestimmten Wahrscheinlichkeit ein Effekt der Größe f^2_y entdeckt werden, so gilt für einen m-mal verlängerten Test, daß der benötigte Stichprobenumfang

$$(7) \quad N^{**} = \frac{L}{f^2_{my}} + k = \frac{L\left[\frac{1}{m} + \frac{m\text{-}1}{m} r_{yy}\right]}{f^2_y} + k$$

oder

$$(8) \quad N^{**} = N^{*} - \frac{m\text{-}1}{m}\left(\frac{L}{f^2_y}\right)\left(1\text{-}r_{yy}\right) \text{ beträgt.}$$

Hierbei ist N^* der ohne Berücksichtigung der aufgrund der Testverlängerung erzielten Reliabilitätserhöhung geschätzte Stichprobenumfang, während N^{**} die erhöhte Reliabilität eines verlängerten Tests einbezieht.

Z. B. sollte in einem Experiment, das die Effizienz von vier Lehrmethoden vergleicht, ein Effekt der Größe $R^2 = 0.25$ ($f^2_y = 1/3$) mit einer Wahrscheinlichkeit $1\text{-}\beta = 0.95$ entdeckt werden. α war 0.05 gesetzt worden. Nach Ablesen des L-Wertes in Tab. 9.4.2 bei *Cohen* (1977) ergab sich ein $N^* = 55.51$. Wenn man annimmt, daß $r_{yy} = 0.70$, ergibt sich bei Testverdoppelung (m=2) nach Formel (7) oder (8) ein benötigter Stichprobenumfang von 47.7835. Dieser Wert wird auf die nächste durch vier dividierbare Zahl erhöht.

Bisher wurde nur der Effekt der Manipulation von $\sigma^2(W)$ und $\sigma^2(E)$ auf die Teststärke untersucht, und der Versuchsplan wurde konstant gehalten. Jede Maßnahme zur Kontrolle interindividueller Varianz (z. B. durch das Parallelisieren, vgl. Abschnitt V, 3.2) muß auch zur Verringerung von $\sigma^2(W)$ innerhalb der Zellen führen. Dies *kann* eine Minderung von r_{yy} nach sich ziehen, während die Teststärke ansteigt.

Ein eindeutiger Zusammenhang zwischen Teststärke und Reliabilität läßt sich also nicht feststellen (vgl. *Nicewander* und *Price* 1978). Wenn allerdings der Experimentator die Möglichkeit zur Testverlängerung hat, können die Gleichungen (7) und (8) bei der Festlegung des benötigten Stichprobenumfangs berücksichtigt werden.

Bisher wurde bei der Planung einfaktorieller Versuche abgesehen von der wichtigen Unterscheidung zweier Situationen:

(1) Der Experimentator ist an dem Wert des globalen F-Tests interessiert. Nur wenn dieser signifikant wird, beabsichtigt er nachträglich zu prüfen, welche experimentellen Bedingungen sich unterscheiden.

(2) Der Experimentator hat spezifische Hypothesen, zu deren Prüfung das Experiment dient.

Ad (1)

Nach Formel (6) kann der benötigte Stichprobenumfang für den globalen Test geschätzt werden. Wenn kleine Effekte mit großer Wahrscheinlichkeit entdeckt werden sollen, ist es ratsam, die interindividuelle Varianz zu kontrollieren (vgl. Abschnitt V, 3.2), um die Kosten sehr großer Stichproben zu vermeiden. Die Daten des Experiments werden varianz- oder regressionsanalytisch ausgewertet. Wird H_0 beibehalten, ist die statistische Analyse beendet. Wird H_0 abgelehnt, so kann einer der vielen verfügbaren Anschlußtests durchgeführt werden, um zu ermitteln, zwischen welchen Bedingungen Unterschiede bestehen (vgl. *Games* 1971, *Edwards* 1971). In diesem Fall können auch einige oder alle Mittelwerte paarweise mit einem t-Test verglichen werden. Durch dieses Vorgehen (Durchführung der t-Tests *nur* nach Ablehnung der generellen Nullhypothese) wird nicht nur der α-Fehler kontrolliert, sondern im Vergleich zu anderen Verfahren auch eine befriedigende Teststärke erzielt (vgl. dazu *Cohen* und *Cohen* 1975, S. 162ff.). Günstig ist in diesem Fall eine Kodierung der UV in k-1 sog. Dummy-Variablen, auf die wir zum Abschluß dieses Abschnitts eingehen.

Wenn allerdings der globale F-Test zu einer falschen Zurückweisung der H_0 geführt hat, kommt es in diesem Fall bei der Durchführung multipler t-Tests zu einer Kumulierung von α-Fehlern, die durch andere Anschlußtests wie etwa das Verfahren von *Scheffé* vermieden wird (*Keselman* et al 1979). Allerdings tritt dieser Fall, wenn $\alpha \leq 0.05$ gesetzt wird, selten ein, und die größere Teststärke spricht für das hier favorisierte Zwei-Schritte-Verfahren (1. Prüfung der generellen Nullhypothese $\mu_1 = \mu_2 = \ldots = \mu_k$, 2. bei Ablehnung der H_0 Prüfung mittels t-Tests, welche Mittelwerte sich unterscheiden).

Die bisher geschilderte Situation dürfte bei theorie-testenden Experimenten, denen eine deduktivistische Theorie zugrunde gelegt wurde, selten auftreten, da spezifische Prognosen überprüft werden. Typischer dürfte die im folgenden zu behandelnde Situation sein.

Ad (2)

In diesem Fall können wiederum zwei verschiedene Situationen unterschieden werden: Die Hypothesen entsprechen A) orthogonalen oder B) linear abhängigen Vergleichen.

A) Die Hypothesen entsprechen orthogonalen (linear unabhängigen) Vergleichen. Ein Beispiel hierfür ist die Untersuchung von *Festinger* und *Carlsmith* (1959, vgl. Abschnitt II). In diesem Fall interessiert für die Festlegung von N nicht das generelle R^2 als Effektgröße, sondern r^2_{y1} und r^2_{y2}. Wird in beiden Fällen derselbe Effekt erwartet (z. B. $r^2 = 0.20$), so ist

$$f^2 = \frac{r^2}{1-2r^2} = 1/3$$

Will der Experimentator einen Effekt dieser Größe mit einer Wahrscheinlichkeit $1\text{-}\beta = 0.95$ unter der Voraussetzung $\alpha = 0.05$ entdecken, so findet er für $u = 1$ in Tab. 9.4.3 bei *Cohen* (1977, 442) $L = 10.82$. Da $N^* = L/f^2 + k$ und $k = 3$, benötigt der Experimentator 36 (= 3 x 12) Vpn, um die spezifizierten Effekte aufzudecken.

Wie verhält es sich aber, wenn unterschiedliche Größen festgelegt werden, z. B. $r^2_{y1} = 0.10$ und $r^2_{y2} = 0.30$? Um den ersten Effekt mit einer Wahrscheinlichkeit $1\text{-}\beta_1 = 0.95$ bei $\alpha = 0.05$ aufzudecken, benötigt der Experimentator 69 Vpn, während er zur Aufdeckung des zweiten Effekts nur 27 Vpn benötigt. Wenn er mit 27 Vpn experimentiert, so ist seine Chance, den Effekt r^2_{y1} aufzudecken, gering ($1\text{-}\beta_1 \approx 0.64$). Experimentiert er mit 69 Vpn, deckt er mit einer Wahrscheinlichkeit von 0.95 bei $\alpha = 0.05$ einen weit kleineren Effekt r^2_{y2} auf, als er beabsichtigt ($r^2 = 0.10$).

Für welche Alternative soll sich der Experimentator entscheiden? Die Antwort kann nur heißen: Für den größeren Stichprobenumfang. Dies wird deutlich bei Betrachtung der Tab. 5. Nur wenn die Alternativhypothesen beider Tests ($H_{11} \wedge H_{12}$) angenommen werden, können die Ausgangshypothesen, die aus der kognitiven Dissonanztheorie abgeleitet wurden, als bestätigt angesehen werden. Bei dem kleineren Stichprobenumfang ergibt sich eine Wahrscheinlichkeit von 0.39, die Hypothesen H_{11} und H_{12} fälschlich zu verwerfen. Diese Fehlerwahrscheinlichkeit in Tab. 5 wurden unter einer zusätzlichen Annahme errechnet. Die Tabellen bei *Cohen* (1977) beziehen sich auf zweiseitige Tests. Da aber die kognitive Dissonanztheorie gerichtete Effekte prognostiziert, sind einseitige Tests angebracht. Sollen zum Test der Nullhypothesen H_{01} und H_{02} $\alpha_1 = 0.05$ und $\alpha_2 = 0.05$ sein, so schlägt man zu $N^* = L/f^2+k$ den L-Wert unter $\alpha = 0.10$ auf (*Cohen* 1977, Tab. 9.4.3, S. 442); so erhält man gute Aproximationen an die Werte, die sich für einen einseitigen t-Test ergäben. Bei einem mit einer Wahrscheinlichkeit von $1\text{-}\beta_1 = 0.95$ zu entdeckenden Effekt $r^2_{y1} = 0.10$ ($f^2_1 = 0.10/(1–0.10–0.30) = 1/6$) ergibt sich $N^* = 10.82/(1/6) + 3 = 69$. Bei einem mit der Wahrscheinlichkeit $1–\beta_2 = 0.95$ zu entdeckenden Effekt $r^2_{y2} = 0.30$ ($f^2_2 = 0.30/(1–0.10–0.30) = 1/2$) ergibt sich $N^* = 10.82/(1/2) + 3 = 27$. Wird mit 69 Vpn experimentiert, so ist $1–\beta_2$ nahezu 1, und wird mit 27 Vpn experimentiert, ist $1–\beta_1$ ungefähr 0.64. Dieser Wert ergibt sich, wenn zu $L = f^2(N\text{-}k) = 1/6(27–3) = 4$ unter $\alpha = 0.10$ bei *Cohen* (1977, Tab. 9.3.3, S. 418) die Teststärke nachgeschlagen wird ($1–\beta_1 = 0.64$).

Tab. 5: Entscheidungssituation für das Experiment von *Festinger* und *Carlsmith*
Die nicht eingeklammerten Werte geben Wahrscheinlichkeiten für N = 69, die eingeklammerten Werte für N = 27 an. Weitere Erläuterungen im Text.

	Richtig ist			
	$H_{11} \wedge H_{12}$	$H_{01} \wedge H_{12}$	$H_{11} \wedge H_{02}$	$H_{01} \wedge H_{02}$
Entscheidung für $H_{11} \wedge H_{12}$	$(1–\beta_1)(1–\beta_2)$ $0.95 \cdot 1 = 0.95$ $(0.64 \cdot 0.95 = 0.61)$	$\alpha_1 (1–\beta_2)$ $0.05 \cdot 1 = 0.05$ $(0.05 \cdot 0.95 = 0.05)$	$(1–\beta_1)\alpha_2$ $0.95 \cdot 0.05 = 0.05$ $(0.64 \cdot 0.05 = 0.03)$	$\alpha_1 \cdot \alpha_2$ $0.05^2 = 0.0025$ $(0.05^2 = 0.0025)$
Entscheidung für nicht ($H_{11} \wedge H_{12}$)	$1–(1–\beta_1)(1–\beta_2)$ 0.05 (0.39)	$1–\alpha_1(1–\beta_2)$ 0.95 (0.95)	$1–(1–\beta_1)\alpha_2$ 0.95 (0.97)	$1–\alpha_1\alpha_2$ 0.9975 (0.9975)

Spezifische Hypothesen hat ein Experimentator auch dann, wenn eine funktionale Hypothese geprüft werden soll. Z.B. besagt die modifizierte Invarianzhypothese, daß die bis zum Kriterium benötigte Zahl der Lernversuche linear mit der reziproken Darbietungszeit *wächst* (vgl. *Bredenkamp* 1975). Nehmen wir an, zur Prüfung dieser Hypothesen wählt der Experimentator drei verschiedene Bedingungen aus (Darbietungszeit $t_j = 4$ Minuten, 2 Minuten, 4/3 Minuten). Er spezifiziert folgende Effektgrößen: $r^2_{y,1/t_j} = 0.4$ und $r^2_{y(1/t_j^2 \cdot 1/t_j)} = 0$. Da die Korrelation zwischen $1/t_j$ und $1/t_j^2$ nicht Null ist, muß gemäß Gleichung (1) die Effektgröße für den nicht-linearen Effekt als quadrierte semipartielle Korrelation $r^2_{y(1/t_j^2 \cdot 1/t_j)}$ spezifiziert werden. Die Festlegungen besagen, daß ein *ausschließlich* linearer Zusammenhang behauptet wird.

Wie groß soll N gewählt werden? Da der Experimentator einen ausschließlich linearen Zusammenhang erwartet, beträgt zur Entdeckung des Effekts $r^2_{y,1/t_j} = 0.4$ bei $\alpha = 0.025$ und $1-\beta = 0.95$ nach Tab. 9.4.2 bei *Cohen* (1977)

$$N^* = \frac{L(1-0.40)}{0.40} + 3 = 22.5$$

Diese Zahl erhöht sich auf 24, damit jeweils 8 Vpn den 3 Bedingungen zugeteilt werden können.[1]

Bei 24 Vpn ist aber die Chance, einen kleinen nicht-linearen Effekt, z. B. $r^2_{y(1/t_j^2 \cdot 1/t_j)} = 0.05$, aufdecken zu können, gering: $1-\beta = 0.29$. Diesen Wert erhält man, wenn für $(N\text{-}k) f^2 = (24-3)(0.05)/(1-0.40-0.05)$ in Tabelle 9.3.2 bei *Cohen* (1977) die zugehörige Teststärke aufgeschlagen wird. Die Annahme der Hypothese $r^2_{y(1/t_j^2 \cdot 1/t_j)} > 0$ ist eine notwendige Bedingung für die Falsifikation der Hypothese eines ausschließlich linearen Zusammenhang.[2]

Tab. 6 zeigt, daß trotz des geringen Stichprobenumfangs N = 24 bis auf eine Ausnahme eine günstige Entscheidungssituation vorliegt. Diese Ausnahme bezieht sich auf die Situation, in der H_{11} und zugleich H_{12} zutreffen. In diesem Fall liegt die Wahrscheinlichkeit, die Ausgangshypothese eines ausschließlich linearen Zusammenhangs fälschlich als bestätigt anzusehen (Entscheidung für $H_{11} \wedge H_{02}$), bei 0.67, während die Wahrscheinlichkeit für die zutreffende Verwerfung der Ausgangshypothese nur 0.33 ist. Diese Situation kann nur entscheidend verbessert werden, wenn die Teststärke zur Entdeckung des Effekts $r^2_{y(1/t^2_j \cdot 1/t_j)} = 0.05$ erhöht wird. Wenn aber in diesem Fall eine fälschliche Bestätigung als nicht so schwerwiegend angesehen wird, kann der Experimentator bei seiner Entscheidung, das Experiment mit 24 Vpn durchzuführen, bleiben. Er kann jedoch die Situation etwas verbessern, wenn er sich entscheidet, die Hypothesen H_{01} und H_{11} mit $2\alpha_1 = 0.01$ und $1-\beta_1 = 0.99$ zu testen. Hierfür benötigt er 39 Vpn. In diesem Fall ist bei $\alpha_2 = 0.05$ für den Test der Hypothese H_{12} $1-\beta_2 = 0.44$, und es ergeben sich die Wahrscheinlichkeiten für richtige und falsche Entscheidungen, die in Tab. 6 eingeklammert sind.

Nehmen wir an, die Prüfung der modifizierten Invarianzhypothese wurde mit 39 Vpn durchgeführt, und die relevanten Ergebnisse seien $\hat{r}_{y \cdot 1/t_j} = +0.58$ und $\hat{r}^2_{y(1/t^2_j \cdot 1/t_j)} = 0.04$.

Der Test für die Hypothese $r^2_{y(1/t^2_j \cdot 1/t_j)} = 0$ lautet

$$F_{qua} = \frac{0.04}{(1-0.34-0.04) / 36} = 2.32 \qquad FG = 1/36$$

Dieser F-Wert ist nicht signifikant auf dem zuvor spezifizierten Signifikanzniveau $\alpha_2 = 0.05$. Dieses Ergebnis berechtigt dazu, die Hypothese $r^2_{y(1/t_j)} = 0$ wie folgt zu prüfen ($\hat{r}^2_{y \cdot 1/t_j} = 0.34$), da die Korrelation wie erwartet positiv ist:

$$F_{lin} = \frac{0.34}{(1-0.34) / 37} = 19.06 \qquad FG = 1/37$$

---

[1] Da es sich wiederum um einen einseitigen Test handelt, wird L zu $2\alpha = 0.05$ aufgeschlagen. Einseitig ist der Test, da eine *positive* Korrelation zwischen reziproker Darbietungszeit und Anzahl der Lernversuche erwartet wird.

[2] Der Test der Hypothese $r^2_{y(1/t_j^2 \cdot 1/t_j)} = 0$ wird zweiseitig durchgeführt, da Abweichungen in beiden Richtungen der modifizierten Invarianzhypothese widersprechen.

Tab. 6: Entscheidungssituation für ein fiktives Experiment

H_{o1} ist die Hypothese, daß $r^2_{y,1/t_j} = 0$. H_{11} ist die Hypothese, daß dieses Korrelationsquadrat 0.4 ist. Für den Test dieser Hypothesen sind $2\alpha_1$ und $\beta_1 = 0.05$. H_{o2} ist die Hypothese, daß $r^2_{y(1/t_j^2 \cdot 1/t_j)} = 0$, während H_{12} die Hypothese ist, daß dieses Korrelationsquadrat 0.05 ist. Für den Test dieser Hypothesen sind $\alpha_2 = 0.05$ und $\beta_2 = 0.71$. Für diese Spezifikationen ergeben sich die nicht eingeklammerten Werte. Die eingeklammerten Werte ergeben sich, wenn $2\alpha_1 = 0.01$, $\beta_1 = 0.01$, $\alpha_2 = 0.05$. In diesem Fall ist $\beta_2 = 0.56$.

	Zutreffend ist			
		nicht $(H_{11} \wedge H_{o2})$		
	$H_{11} \wedge H_{o2}$	$H_{11} \wedge H_{12}$	$H_{o1} \wedge H_{o2}$	$H_{o1} \wedge H_{12}$
Entscheidung für $H_{11} \wedge H_{o2}$	$(1-\beta_1)(1-\alpha_2)$ $0.95^2 = 0.90$ $(0.99 \cdot 0.95 = 0.95)$	$(1-\beta_1)\beta_2$ $0.95 \cdot 0.71 = 0.67$ $(0.99 \cdot 0.56 = 0.56)$	$\alpha_1 (1-\alpha_2)$ $0.05 \cdot 0.95 = 0.05$ $(0.01 \cdot 0.95 = 0.01)$	$\alpha_1 \beta_2$ $0.05 \cdot 0.71 = 0.04$ $(0.01 \cdot 0.56 = 0.005)$
nicht $(H_{11} \wedge H_{o2})$	$1-(1-\beta_1)(1-\alpha_2)$ 0.10 (0.05)	$1-(1-\beta_1)\beta_2$ 0.33 (0.44)	$1-\alpha_1(1-\alpha_2)$ 0.95 (0.99)	$1-\alpha_1\beta_2$ 0.96 (0.995)

Dieser Wert ist bei FG = 1/37 auf dem zuvor spezifizierten Signifikanzniveau $\alpha_1 = 0.01$ bedeutsam. Aufgrund der Ergebnisse wird die Hypothese eines ausschließlich linearen Zusammenhangs als bestätigt angesehen.

Zum Test des linearen Effekts ist folgende Anmerkung notwendig: *Dieser* Test entspricht den Annahmen des Experimentators, daß *nur* ein linearer Zusammenhang besteht, insofern, als *jede* Variation, die nicht durch die lineare Regression aufgeklärt wird, der Fehlervarianz zugeschlagen wird. Für das Beispiel war dieser Test also angemessen. Einem varianzanalytischen Trendtest hätte folgender F-Test entsprochen:

$$F_{lin} = \frac{0.34}{(1-0.34-0.04)/36} \qquad FG = 1/36$$

Es gilt immer die Äquivalenz folgenden regressionsanalytischen Tests mit der trendanalytischen Prüfung der j-ten Trendkomponente

$$F_j = \frac{R^2_{y \cdot x,x^2,x^3,\ldots,x^j} - R^2_{y \cdot x,x^2,x^3,\ldots x^{j-1}}}{(1-R^2_{y \cdot x,x^2,\ldots,x^{k-1}})/(N-k)} \qquad FG = 1/N\text{-}k$$

Wird ein trendanalytischer Test durchgeführt, so können die in Statistik-Büchern publizierten Polynomial-Koeffizienten verwendet werden, sofern die UV gleichabständig gestuft ist; anderenfalls müssen sie neu berechnet werden (siehe hierzu *Bredenkamp* 1968, *Gaito* 1977).

Dieses Experiment abschließend sei noch auf folgendes hingewiesen. Sofern der Experimentator die Hypothese eines nicht-linearen Trends nicht näher spezifizieren kann, derart, daß eine ganz bestimmte Trendkomponente als signifikant erwartet wird, prüft für einen festen Stichprobenumfang N ein Experiment mit k=3 Gruppen die Hypothese eines nicht-linearen Trends am schärfsten. Diese Aussage gilt, wenn unabhängig von k die spezifizierte Größe für den nichtlinearen Varianzanteil $R^2_{y \cdot x,x^2,\ldots x^{k-1}} - R^2_{y \cdot x}$ unverändert bleibt. Unabhängig von k bleibt die Stärke des Tests

$$F_{lin} = \frac{\hat{R}^2_{y \cdot x}}{(1-\hat{R}^2_{y \cdot x})/(N-2)}$$

konstant.

Für alle bisher behandelten Beispiele läßt sich folgendes feststellen. Wenn N* errechnet wird und der tatsächliche Stichprobenumfang $N = N^*$ ist, gilt immer, daß die tatsächliche Teststärke nur dann mit der spezifizierten übereinstimmt, sofern die Verteilungsannahmen der Regressions- bzw. Varianzanalyse erfüllt sind. Für die bisher vorgestellten Tests ist zu fordern, daß die abhängige Variable Y innerhalb der experimentellen Bedingungen normal mit gleichen Varianzen verteilt ist. In einer umfassenden Untersuchung haben *Glass* et al (1972) gezeigt, daß bei einer breitgipfligen Verteilung die tatsächliche Teststärke geringer als die spezifizierte ist. Bei einer schmalgipfligen Verteilung ergibt sich der umgekehrte Effekt. Da der Experimentator die Form der Abweichung apriori nicht kennt, empfiehlt es sich immer, den Stichprobenumfang etwas größer als N* zu wählen.

B) Die Hypothesen entsprechen linear abhängigen Vergleichen. Wenn zum Beispiel der Vergleich jeder einzelnen der k–1 experimentellen Bedingungen mit einer Kontrollbedingung im Zentrum des Interesses steht, empfiehlt sich eine sog. Dummy-Variablen-Kodierung, wie sie für zwei experimentelle Gruppen und eine Kontrollgruppe in Tab. 7 gezeigt ist. Die Gruppenzugehörigkeit wird durch eine 1 gekennzeichnet, während die anderen Werte der Dummy-Variablen, die die Gruppenzugehörigkeit anzeigen, den Wert 0 annehmen. X_1 in Tab. 7 kontrastiert also die erste Experimentalbedingung gegen die anderen Bedingungen, während X_2 die zweite Experimentalbedingung gegen die anderen Bedingungen kontrastiert.

Um den Vorteil der Dummy-Variablen-Kodierung für bestimmte Probleme zu demonstrieren, wird eine multiple Regressionsgleichung explizit ausgeschrieben. Vorausgesagt wird der individuelle Y_i-Wert einer Vp i aus k–1 Variablen:

$$Y'_i = A + B_1X_{1i} + B_2X_{2i} + \ldots + B_{k-1}\,X_{k-1,i}$$

Die Koeffizienten B sind partielle Regressionsgewichte, A ist eine additive Konstante, X_{ji} ist der Wert der i-ten Person auf der j-ten Prädiktorvariablen, und Y'_i ist der vorhergesagte Y-Wert für das Individuum i. Dieser vorhergesagte Wert entspricht immer dem Gruppenmittelwert. Gehört also eine Vp der ersten Experimentalgruppe an, so ist $Y'_i = M_{E1}$, dem Mittelwert der Gruppe E_1. Im Falle orthogonaler Kontraste ist $A=M$ (dem generellen Stichprobenmittelwert), und $B_j = r_{yj}S_y/S_j$, wobei S_y und S_j die Standardabweichungen der Variablen y und der j-ten Prädiktorvariablen sind. Bei einer Dummy-Variablen-Kodierung ist $A = M_K$ (dem Mittelwert der Kontrollgruppe), so daß

$$Y'_i = M_K + B_1\,X_{1_i} + B_2\,X_{2_i} + \ldots + B_{k-1}\,X_{k-1,i}$$

Da nun ein der Bedingung E_1 zugehöriges Individuum auf der ersten Dummy-Variablen den Wert 1 und auf allen anderen Dummy-Variablen den Wert 0 hat, ist

$$M_{E_1} = M_K + B_1 \quad \text{oder} \quad B_1 = M_{E_1} - M_K$$

Die partiellen Regressionskoeffizienten entsprechen also in ihrer Größe den interessierenden Mittelwertsunterschieden; der Test

$$t_j = \frac{M_{E_j} - M_K}{\sqrt{2\,s^2_{Fehler}/n}} = \frac{B_j}{\sqrt{2\,QS(total)\,(1-R^2_{y\cdot 1,2,\ldots k-1})/N(n-1)}} \quad \text{mit N-k Freiheitsgr.}$$

liefert direkt Information darüber, ob der Unterschied zwischen der j-ten Experimentalgruppe und der Kontrollgruppe statistisch bedeutsam ist, wobei $n = N/k$.

Tab. 7: Dummy-Variablen-Kodierung für ein Experiment mit zwei Experimentalgruppen und einer Kontrollgruppe

E = Experimentalgruppe, K = Kontrollgruppe

		Gruppen	
	E_1	E_2	K
Dummy-Variable X_1	1	0	0
Dummy-Variable X_2	0	1	0

Hat man die Information über die Größe der totalen Quadratsumme nicht, so läßt sich zeigen, daß der Test

$$t_j = \frac{\beta_j}{\sqrt{2\,\frac{k-1}{k^2}\,(1-\hat{R}^2_{y\cdot 1,2,\ldots,k-1})/(n-1)}}$$

dieselbe Information liefert. Dabei ist β_j der partielle standardisierte Regressionskoeffizient, der sich ergibt, wenn alle Variablen Standardvariablen mit dem Mittelwert Null und der Standardabweichung 1 sind (zur Berechnung dieser Koeffizienten vgl. *Cohen* und *Cohen* 1975).

Da unter der Richtigkeit der generellen Nullhypothese $R^2_{y\cdot 12} = 0$ die α-Fehler-Wahrscheinlichkeiten sich für diese Tests im unbekannten Ausmaß aufsummieren, sollte die Signifikanz der t-Werte in den von *Dunett* (1955) erstellten Tabellen geprüft werden, die ausschnittsweise z.B. bei *Edwards* (1971, S. 485–488) wiedergegeben sind.

Die Dummy-Variablen-Kodierung ist auch dann günstig, wenn nicht bestimmte Vergleiche geplant sind, sondern wenn im Anschluß an die Zurückweisung der generellen Nullhypothese $R^2_{y\cdot 1,2,\ldots,k-1} = 0$ mittels des t-Tests geprüft werden soll, welche Mittelwerte sich unterscheiden (s.o.). In diesem Fall ist:

$$t_{jj'} = \frac{B_j - B_{j'}}{\sqrt{2\,QS(\text{total})\,(1-\hat{R}^2_{y\cdot 1,2,\ldots,k-1})/N(n-1)}} \qquad \text{oder}$$

$$t_{jj'} = \frac{\beta_j - \beta_{j'}}{\sqrt{2\,\frac{k-1}{k^2}\,(1-\hat{R}^2_{y\cdot 1,2,\ldots,k-1})/(n-1)}} \qquad \text{mit N–k Freiheitsgraden}$$

Die Signifikanz dieser t-Werte wird in den üblichen Tabellen für den t-Test ermittelt.

Wie schon in Kapitel III ausgeführt wurde, sind nonparametrische Verfahren, die auf Ranginformationen beruhen, teststärker als parametrische, sofern die Verteilungsannahmen der Varianzanalyse oder multiplen Regressionsanalyse nicht erfüllt sind. Ein zweiter Grund für die Bevorzugung nonparametrischer Tests besteht darin, daß schwächere Annahmen über das Meßskalenniveau getroffen werden müssen. Um den Stichprobenumfang für das nonparametrische Äquivalent zur einfachen Varianz- bzw. multiplen Regressionsanalyse, den H-Test (vgl. *Lienert* 1973), zu planen, sollte der durch eine parametrische Analyse zu entdeckende Effekt f^2 so wie gezeigt fixiert werden, und N* sollte nach den Tabellen *Cohens* (1977) errechnet werden. Dividiert man N* durch den Wert für die asymptotische relative Effizienz (vgl. *Lienert* 1973), der für den H-Test etwa 0.95 beträgt, so erhält man den für den H-Test benötigten Stichprobenumfang N^*_{np}, der ausreicht, einen Effekt der Größe f^2 mit gleicher Stärke wie die Varianzanalyse, wenn "deren" Verteilungsannahmen zutreffen, zu entdecken. Wird durch den H-Test die Nullhypothese zurückgewiesen, so sollten U-Tests durchgeführt werden, um zu ermitteln, wo die Unterschiede bestehen; diese Prozedur dürfte teststärker sein als die Durchführung multipler Vergleiche nach anderen Verfahren. Um zu ermitteln, wie groß die durch die UV aufgeklärte Rangvarianz ist, dividiere man das erhaltene H durch N–1; der resultierende Wert ist gleich der Summe der quadrierten Korrelationen zwischen der abhängigen und den orthogonal kodierten unabhängigen Variablen (vgl. *Bredenkamp* 1980) und entspricht in seiner Bedeutung dem parametrischen $\hat{R}^2$. Auch apriori geplante Vergleiche sind durchführbar, wennRanginformationen vorliegen. Sollen z.B. orthogonale Trendkomponenten geprüft werden, wendet man das Verfahren von *Marascuilo* und *McSweeney* (1967) an. Zielen die Hypothesen auf einen Vergleich verschiedener Experimentalgruppen mit einer Kontrollgruppe, läßt sich *Steels* Test anwenden (vgl. *Lienert* 1973).

3.2 Mehrfaktorielle univariate Experimente

Im folgenden gehen wir auf faktorielle Versuche mit mehr als einer UV ein. Unter diesen UVn können sich eine oder mehrere Kontrollvariablen befinden, die der Reduktion der Fehlervarianz dienen (z.B. Geschlecht, sozioökonomischer Status, Student/kein Student, IQ usw.).

Wir werden zunächst den Fall orthogonaler Faktoren behandeln. Wie bei einfaktoriellen Versuchen sind auch hier zwei Situationen zu unterscheiden:

(1) Den Experimentator interessiert der Wert des globalen F-Tests; nur wenn dieser signifikant ist, prüft er nachträglich spezielle Hypothesen.

(2) Es werden von vornherein spezifische Hypothesen überprüft.

Die notwendigen Tests, Effektgrößenschätzungen und Spezifizierungen des Stichprobenumfangs werden dargestellt.
Sodann wird auf den Fall nicht-orthogonaler Faktoren eingegangen.

Zweifaktorielle Experimente mit orthogonalen Faktoren.

Wir bedienen uns folgender Schreibweise: In einem zweifaktoriellen Experiment mit den Faktoren A und B gibt $\hat{R}^2_{y \cdot A,B,AB}$ die gesamte quadrierte multiple Korrelation an. Der Anteil, der bei orthogonalen Faktoren auf die Variable A zurückzuführen ist, wird durch $\hat{R}^2_{y \cdot A}$ bezeichnet; bei korrelierten Faktoren beträgt dieser Anteil $\hat{R}^2_{y \cdot A,B,AB,} - \hat{R}^2_{y \cdot B,AB.}$ Der zu Lasten der Interaktion gehende Anteil wird unter der Voraussetzung orthogonaler Faktoren mit $\hat{R}^2_{y \cdot AB}$ bezeichnet; bei korrelierten Faktoren beträgt dieser Anteil $\hat{R}^2_{y \cdot A,B,AB} - \hat{R}^2_{y \cdot A,B}$ usw. Tab. 8 verdeutlicht, wie diese Anteile prinzipiell zu bestimmen sind. Laut Gleichung (1) ergibt sich z.B., daß $\hat{R}^2_{y \cdot A} = \hat{r}^2_{y(1)} + \hat{r}^2_{y(2 \cdot 1)}$.

Bei der Spezifikation des Stichprobenumfangs für die Prüfung bestimmter Effekte wird immer die Varianz zu Lasten des Effekts in Beziehung zur Fehlervarianz gesetzt;

z. B. gilt für ein orthogonales zweifaktorielles Experiment:

$$f^2_A = \frac{\hat{R}^2_{y \cdot A}}{1-\hat{R}^2_{y \cdot A,B,AB}} = \frac{\hat{R}^2_{yA \cdot B,AB}}{1-\hat{R}^2_{yA \cdot B,AB}}$$

Bei diesem Wert handelt es sich um die Effektgröße, wenn die Wirkung der Variablen B und AB auf y statistisch ausgeschaltet wird. $\hat{R}^2_{yA \cdot B,AB}$ ist die quadrierte partielle Korrelation.

Weiter gilt im folgenden, daß ein Faktor A a Modalitäten, ein Faktor B b Modalitäten hat usw.

Ad (1)

Wenn zwei Faktoren A und B in einer vorliegenden Stichprobe orthogonal sind, läßt sich zeigen, daß

$$\hat{R}^2_{y \cdot A,B,AB} = \hat{R}^2_{y \cdot A} + \hat{R}^2_{y \cdot B} + \hat{R}^2_{y \cdot AB}$$

ist unabhängig davon, wie die einzelnen Variablen kodiert worden sind. Z. B. kann der Faktor A mit a Modalitäten in a–1 Dummy-Variablen kodiert sein, und Faktor B ist in b–1 orthogonale Variablen kodiert worden. Alle Multiplikationen zwischen diesen Variablen schöpfen die Interaktion aus, wie dies für einen 3x3-Versuchsplan in Tab. 8 gezeigt wird. In Tab. 8 wurde für die Variablen A und B die Effektkodierung (vgl. dazu *Kerlinger* und *Pedhazur* 1973) gewählt.[1] Diese Kodierung gewährleistet, daß die Regressionskoeffizienten den experimentellen Effekten M_j-M entsprechen. Wählt man diese oder die Dummy-Variablen-Kodierung, so gilt zwar, daß

$$\hat{R}^2_{y \cdot A,B,AB} = \hat{R}^2_{y \cdot A} + \hat{R}^2_{y \cdot B} + \hat{R}^2_{y \cdot AB},$$

aber *innerhalb* einer Variablen gilt, daß z. B.

$$\hat{R}^2_{y \cdot A} \neq \hat{R}^2_{y \cdot A_1} + \hat{R}^2_{y \cdot A_2} + \ldots + \hat{R}^2_{y \cdot A_{a-1}},$$

weil $A_1, A_2 \ldots$ nicht orthogonale Variablen sind, in die die Variable A kodiert wurde.

Tab. 8: Beispiel für eine Effekt-Kodierung

	A		B		AB			
Faktoren-kombinationen	(1)	(2)	(3)	(4)	(1)x(3)	(1)x(4)	(2)x(3)	(2)x(4)
A_1B_1	1	0	1	0	1	0	0	0
A_1B_2	1	0	0	1	0	1	0	0
A_1B_3	1	0	–1	–1	–1	–1	0	0
A_2B_1	0	1	1	0	0	0	1	0
A_2B_2	0	1	0	1	0	0	0	1
A_2B_3	0	1	–1	–1	0	0	–1	–1
A_3B_1	–1	–1	1	0	–1	0	–1	0
A_3B_2	–1	–1	0	1	0	–1	0	–1
A_3B_3	–1	–1	–1	–1	1	1	1	1

[1] Bei der Effektkodierung werden trichotome Variablen erstellt. Jede Gruppe wird mit *einer* bestimmten anderen Gruppe, die konstant mit –1 kodiert wird, verglichen. Tab. 8 zeigt diese Kodierung. A_3 und B_3 sind die jeweiligen Vergleichsgruppen.

Bei einem mehrfaktoriellen Experiment werden üblicherweise alle Effekte auf Signifikanz geprüft. Hierbei wird aber übersehen, daß bei Gültigkeit der generellen Nullhypothese

$R^2_{y \cdot A,B,AB} = 0$

die α-Fehlerwahrscheinlichkeiten sich aufsummieren. Ist z.B. für die Tests der Hypothesen $R^2_{y \cdot A} = 0$, $R^2_{y \cdot B} = 0$ und $R^2_{y \cdot AB} = 0$ α jeweils 0.05, so beträgt die Wahrscheinlichkeit dafür, wenigstens ein signifikantes Resultat fälschlich zu erhalten, $1-0.95^3 = 0.14$. In dieser Situation prüft der Experimentator keine spezifischen Hypothesen, und zur Vermeidung der Kumulation der Fehlerwahrscheinlichkeiten sollte er zunächst die generelle Hypothese

$R^2_{y \cdot A,B,AB} = 0$

prüfen. Nur wenn der Wert der Teststatistik den kritischen Wert überschreitet, sollte mit der Prüfung einzelner Effekte fortgefahren werden.

Die einzelnen Hypothesen und Tests lauten:

H_0: $R^2_{y \cdot A,B,AB} = 0$

H_1: $R^2_{y \cdot A,B,AB} > 0$

$$F = \frac{(\hat{R}^2_{y \cdot A,B,AB})/(ab-1)}{(1-\hat{R}^2_{y \cdot A,B,AB})/(N-ab)}$$

$FG = ab-1/N-ab$

H_0: $R^2_{y \cdot A,B,AB} - R^2_{y \cdot A,B} = 0$

H_1: $R^2_{y \cdot A,B,AB} - R^2_{y \cdot A,B} > 0$

$$F_{AB} = \frac{(\hat{R}^2_{y \cdot A,B,AB} - \hat{R}^2_{y \cdot A,B})/(a-1)(b-1)}{(1-\hat{R}^2_{y \cdot A,B,AB})/(N-ab)}$$

$FG = (a-1)(b-1)/N-ab$

H_0: $R^2_{y \cdot A,B,AB} - R^2_{y \cdot A,AB} = 0$

H_1: $R^2_{y \cdot A,B,AB} - R^2_{y \cdot A,AB} > 0$

$$F_B = \frac{(\hat{R}^2_{y \cdot A,B,AB} - \hat{R}^2_{y \cdot A,AB})/(b-1)}{(1-\hat{R}^2_{y \cdot A,B,AB})/(N-ab)}$$

$FG = (b-1)/N-ab$

H_0: $R^2_{y \cdot A,B,AB} - R^2_{y \cdot B,AB} = 0$

H_1: $R^2_{y \cdot A,B,AB} - R^2_{y \cdot B,AB} > 0$

$$F_A = \frac{(\hat{R}^2_{y \cdot A,B,AB} - \hat{R}^2_{y \cdot B,AB})/(a-1)}{(1-\hat{R}^2_{y \cdot A,B,AB})/(N-ab)}$$

$FG = (a-1)/N-ab$

Die Hypothesen sind ausführlicher geschrieben worden, als es im orthogonalen Fall notwendig ist, da hier z.B. $R^2_{y \cdot A,B,AB} - R^2_{y \cdot B,AB} = R^2_{y \cdot A}$. Die ausführliche Schreibweise erlaubt jedoch Vergleiche mit dem nicht-orthogonalen Fall, auf den später eingegangen wird. Sind die Haupteffekte signifikant, die Interaktion aber Null oder ordinal, so kann für die Variablen A und B (bzw. für die ordinale Variable im Falle einer semi-disordinalen Interaktion) mittels multipler t-Tests geprüft werden, welche Mittelwerte sich unterscheiden. Ist eine Regressionsanalyse mit einer Dummy-Variablen- oder Effekt-Kodierung durchgeführt worden, so prüft der Test

$$t_{jj'} = \frac{B_j - B_{j'}}{\sqrt{2\,QS\,(total)\,(1-\hat{R}^2_{y \cdot A,B,AB})/Na(n-1)}}$$

mit N–ab Freiheitsgraden, ob zwei Mittelwerte des B-Faktors sich unterscheiden, wobei B_j und $B_{j'}$ Regressionskoeffizienten sind. Zur Prüfung der Unterschiede zweier A-Mittelwerte wird im Nenner obiger Formel b statt a eingesetzt. n ist der Stichprobenumfang innerhalb einer AB-Zelle.

Wir wenden uns nunmehr der Frage zu, wie der Stichprobenumfang vor der Durchführung eines Experiments festzulegen ist. Zunächst spezifiziert man die erwartete Größe der Effekte, z.B. $R^2_{y \cdot A,B,AB} - R^2_{y \cdot B,AB} = 0.15$, $R^2_{y \cdot A,B,AB} - R^2_{y \cdot A,AB} = 0.05$, $R^2_{y \cdot A,B,AB} - R^2_{y \cdot A,B} = 0.05$.

Diese Festlegungen implizieren, daß $R^2_{y \cdot A,B,AB} = 0.25$. Dann errechnet man N* für den Test der globalen Nullhypothese $R^2_{y \cdot A,B,AB} = 0$. Angenommen sei, es solle ein $R^2_{y \cdot A,B,AB} = 0.25$ mit einer Wahrscheinlichkeit von 0.95 entdeckt werden. α sei 0.05, und a und b seien jeweils 3. Es ergibt sich

$$N^* = \frac{L}{f^2} + ab$$

f^2 ist für das Beispiel 0.25/0.75 = 1/3, und L ist nach Tab. 9.4.2 bei *Cohen* (1977, S. 441) für u = ab–1 = 8
22.74, so daß sich

$N^* = 22.74 \cdot 3 + 9 = 77.22$ ergibt.

Da der Versuchsplan 9 Zellen enthält, ist diese Zahl auf die nächste durch 9 dividierbare Zahl (=81) zu erhöhen, damit die Vpn gleichmäßig auf die Zellen des Designs verteilt werden können.

Jetzt kann geprüft werden, wie groß die Teststärke für die Tests der einzelnen Effekte sein wird, wenn $\alpha = 0.05$. Dazu errechnet man zunächst für jeden Test $L = f^2 (N^* - ab)$ und liest dann in den Tabellen 9.3 bei *Cohen* (1977) für u Freiheitsgrade und den errechneten L-Wert die Teststärke ab. Das soll jetzt demonstriert werden.

$$L_{AB} = f^2_{AB} (N^* - ab) = \frac{0.05}{0.75} (81-9) = 4.80; \quad u_{AB} = 4$$

Die Teststärke liegt nach Tab. 9.3.2 bei *Cohen* (1977) zwischen 0.32 für L=4 und 0.47 für L=6; lineare Interpolation ergibt 0.38.

$$L_A = f^2_A (N^* - ab) = \frac{0.15}{0.75} (81-9) = 14.40; \quad u_A = 2$$

Nach Tab. 9.3.2 bei *Cohen* (1977) beträgt die Teststärke zwischen 0.93 für L=14 und 0.96 für L=16; lineare Interpolation ergibt 0.94.

$$L_B = f^2_B (N^* - ab) = \frac{0.05}{0.75} (81-9) = 4.80; \quad u_B = 2$$

Nach Tab. 9.3.2 bei *Cohen* (1977) beträgt die Teststärke zwischen 0.42 für L=4 und 0.58 für L=6; lineare Interpolation ergibt 0.48.

Der Leser möge sich selbst davon überzeugen, daß diese Werte sehr genau mit denen übereinstimmen, die man aufgrund des von *Cohen* (1977, Kap. 8) vorgeschlagenen recht umständlichen Verfahrens erhält. Die geringen Abweichungen resultieren aus der Tatsache, daß *Cohen* (1977) die Teststärke über die nonzentrale F-Verteilung berechnet, während sie hier über die nonzentrale χ^2-Verteilung ermittelt wurde.

Die geringen Teststärken bei der Prüfung der Effekte B und AB resultieren aus der Tatsache, daß im Zentrum des Interesses der Test der globalen Nullhypothese stand, für den der Stichprobenumfang spezifiziert wurde. Wenn sich das Interesse von vornherein auf bestimmte Effekte richtet, sollte der Stichprobenumfang nach anderen Überlegungen festgelegt werden. Diesem Fall wenden wir uns nunmehr zu.

Ad (2)

Bisher wurde davon ausgegangen, daß alle Effekt-Hypothesen geprüft werden sollen, falls der globale Test signifikant ist. Der Bestimmung des notwendigen Stichprobenumfangs für diesen Test wurde Vorrang gegeben. Eine andere Situation ist die, daß gezielt bestimmte Hypothesen geprüft werden sollen. Z.B. sei A eine Kontrollvariable, und den Experimentator interessiere vor allem der Effekt von B. Hinsichtlich der Effektgrößenbestimmungen sollen die eben genannten Bedingungen gelten. Wie groß muß N gewählt werden, damit der Effekt $R^2_{y \cdot A,B,AB} - R^2_{y \cdot A,AB} = 0.05$

$\left(f^2_B = \frac{R^2_{y \cdot A,B,AB} - R^2_{y \cdot A,AB}}{1-R^2_{y \cdot A,B,AB}} = 1/15\right)$ mit einer Wahrscheinlichkeit von 0.95 bei $\alpha = 0.05$ entdeckt wird?

$$N^* = \frac{L}{f^2_B} + ab$$

Für $u_B = 2$ ergibt sich aus Tab. 9.4.2 bei *Cohen* (1977) ein $L = 15.44$, so daß $N^* = 240.60$. Diese Zahl wird auf die nächste durch 9 dividierbare Zahl erhöht $(243 = 9x27)$. Ohne Kontrollvariable wäre $f^2_B = 0.05/0.95 = \frac{1}{19}$ gewesen, und es wären $15.44 \cdot 19+3 = 297$ Vpn notwendig gewesen.

Wie groß ist in dem zweifaktoriellen Experiment bei einem $N = 243$ die Teststärke zur Entdeckung des Effekts $R^2_{y \cdot A,B,AB} - R^2_{y \cdot A,B} = 0.05$ ($f_{AB} = 1/15$)? Diese Frage interessiert ebenfalls, da nur dann, wenn die Interaktion Null oder ordinal für Faktor B ist, die Interpretation des signifikanten Haupteffekts gerechtfertigt ist. Für $L_{AB} = \frac{1}{15}(243\text{–}9) = 15.60$ ergibt sich aus Tab. 9.3.2 bei *Cohen* (1977) für $u_{AB} = 4$ eine Teststärke von 0.90. Dieser Test ist stark genug, um den Experimentator vor ungerechtfertigten Interpretationen des Haupteffekts zu schützen.

Ähnliche Erwägungen gelten, wenn sich die Hypothesen von vornherein auf einfache Haupteffekte beziehen (vgl. Abschnitt III, 3.1.1.2). Auch diese Analyse kann als multiple Regressionsanalyse durchgeführt werden, wobei es für die Orthogonalität der einfachen Haupteffekte *nicht* belanglos ist, wie die UV kodiert wurde. In Tab. 9 ist die UV "B(A)" in orthogonale Variablen kodiert worden. Es gilt:

$$\hat{R}^2_{y \cdot A,B(A_1),B(A_2)\ldots} = \hat{R}^2_{y \cdot A,B,AB} = \hat{R}^2_{y \cdot A} + \sum_{i=1}^{a} \hat{R}^2_{y \cdot B(A_i)}$$

Wenn die Spezifikationen wie oben gelten, dann nimmt der Experimentator wegen der Gleichheit von $\hat{R}^2_{y \cdot B} + R^2_{y \cdot AB} = \sum_{i=1}^{a} R^2_{y \cdot B(A_i)}$ an, daß $\Sigma R^2_{y \cdot B(A_i)} = 0.10$. Zusätzlich nehme er an, daß jeder einfache Effekt $R^2_{y \cdot B(A_i)} = 0.0333$ mit einer Wahrscheinlichkeit von 0.95 entdeckt werden soll; α soll 0.05 sein. Der benötigte Stichprobenumfang ist

$$N^* = \frac{L}{f^2_{B(A_i)}} + ab, \text{ wobei}$$

$$f^2_{B(A_i)} = \frac{0.0333}{0.75} = 0.0444$$

Für $u_{B(A_i)} = 2$ Freiheitsgrade findet sich in Tab. 9.4.2 bei *Cohen* ein $L = 15.44$, so daß $N^* = 357$. Diese Zahl wird auf die nächste durch 9 dividierbare Zahl aufgerundet $(= 360)$, so daß in jeder Zelle des Designs Meßwerte von 40 Vpn benötigt werden. Werden die einfachen Effekte unterschiedlich groß spezifiziert, so gelangt man zu unterschiedlichen N^*; es ergeben sich dann Probleme und Lösungswege, die denen bei einfaktoriellen Versuchsplänen entsprechen. Im Anschluß an den Nachweis eines signifikanten einfachen Haupteffekts kann mittels multipler t-Tests überprüft werden, welche Mittelwerte sich unterscheiden.

Tab. 9: Beispiel für die orthogonale Kodierung zur Untersuchung einfacher Haupteffekte B(A)

Für A wurde die Effektkodierung gewählt

Faktor-kombinationen	A (1)	A (2)	$B(A_1)$ (3)	$B(A_1)$ (4)	$B(A_2)$ (5)	$B(A_2)$ (6)	$B(A_3)$ (7)	$B(A_3)$ (8)
A_1B_1	1	0	1	1/2	0	0	0	0
A_1B_2	1	0	−1	1/2	0	0	0	0
A_1B_3	1	0	0	−1	0	0	0	0
A_2B_1	0	1	0	0	1	1/2	0	0
A_2B_2	0	1	0	0	−1	1/2	0	0
A_2B_3	0	1	0	0	0	−1	0	0
A_3B_1	−1	−1	0	0	0	0	1	1/2
A_3B_2	−1	−1	0	0	0	0	−1	1/2
A_3B_3	−1	−1	0	0	0	0	0	−1

Dreifaktorielle Experimente mit orthogonalen Faktoren

Das bisher über zweifaktorielle Experimente Gesagte gilt entsprechend für mehr als zwei Faktoren ebenfalls. Sollen in einem dreifaktoriellen Experiment nicht von vornherein spezifische Hypothesen (wie z.B. die ABC-Interaktion) überprüft werden, so ist es ratsam, zunächst die generelle Nullhypothese

$$R^2_{y \cdot A,B,C,AB,AC,BC,ABC} = 0$$

zu testen und nur bei ihrer Zurückweisung mit weiteren Prüfungen fortzufahren, da anderenfalls die Wahrscheinlichkeit, fälschlich wenigstens eine Nullhypothese zurückzuweisen, bereits $1-0.95^7 = 0.30$ beträgt. Wenn die Zahl der Faktormodalitäten $a=3$, $b=3$, $c=2$ beträgt, ist die Anzahl der Zellen dieses Designs 18. Wenn der Experimentator als Effektgröße für B ein multiples $R^2 = 0.10$ und für alle anderen Effekte 0.05 erwartet, ist $R^2_{y \cdot A,B,C,AB,AC,BC,ABC} = 0.40$ und $f^2_{A,B,C,AB,AC,BC,ABC} = 0.40/0.60 = 2/3$.

Um diesen Effekt bei $\alpha = 0.05$ mit einer Wahrscheinlichkeit 0.95 zu entdecken, benötigt der Experimentator

$$N^* = \frac{L}{f^2} + abc = \frac{29.01 \cdot 3}{2} + 18 = 61.52$$

Vpn; diese Zahl wird auf die nächste durch 18 dividierbare Zahl aufgerundet (72), so daß in jeder Zelle 4 Vpn benötigt werden. Es läßt sich wie im zweifaktoriellen Fall bestimmen, wie groß die Stärke der einzelnen Tests ist.

Ist der F-Wert des globalen Tests signifikant, so werden die weiteren erwünschten Informationen extrahiert; anderenfalls unterbleiben diese Analysen. Da oftmals alle Haupteffekte und Interaktionen geprüft werden, darunter auch die ABC-Interaktion, soll an dieser Stelle zunächst erläutert werden, was unter dieser dreifachen Wechselwirkung zu verstehen ist. Aus den Ausführungen ergeben sich dann bestimmte Empfehlungen bzgl. der Gestaltung der Reihenfolge der einzelnen Tests.

Ist die Interaktionsquadratsumme für ABC gleich Null ($\hat{R}^2_{y \cdot ABC} = 0$), so bedeutet dies immer, daß alle einfachen AB-Interaktionseffekte innerhalb C für korrespondierende Zellen gleich groß sind. Ein Beispiel hierfür findet sich in Tab. 10 (A), in der die einfachen AB-Interaktionseffekte für die Daten aus Tab. 11 (a) angegeben sind. Wenn die einfachen AB-Interaktionseffekte in korrespondierenden Zellen gleich groß sind, gilt, daß die Quadratsummen für die einfachen AB-Interaktionen innerhalb der Modalitäten von C ebenfalls gleich groß sein müssen. *Umgekehrt folgt jedoch nicht* $\hat{R}^2_{y \cdot ABC} = 0$ *aus der Tatsache, daß die Quadratsummen für die einfachen AB-Interaktionen gleich groß sind*, wie Tab. 10 (B) zeigt; hierbei handelt es sich um die einfachen AB-Interaktionseffekte aus Tab. 11 (b). Alle Aussagen gelten entsprechend für die einfachen AC- und BC-Interaktionen.

Tab. 10: Einfache AB-Interaktionseffekte, die in korrespondierenden Zellen gleich groß (Teil A) oder ungleich groß (Teil B) sind.

		A_1	A_2	A_3			A_1	A_2	A_3
C_1	B_1	0.5	0	−0.5	C_1	B_1	0.5	0	−0.5
	B_2	−0.5	0	0.5		B_2	−0.5	0	0.5
C_2	B_1	0.5	0	−0.5	C_2	B_1	−0.5	0	0.5
	B_2	−0.5	0	0.5		B_2	0.5	0	−0.5
			(A)					(B)	

Weiterhin ist zu beachten, daß unabhängig davon, ob $R^2_{y \cdot ABC} = 0$ oder größer als Null ist, die einfachen AB-Interaktionen eine ganz unterschiedliche Struktur aufweisen können. Dies verdeutlicht Tab. 11 (a). Die ABC-Interaktion ist Null; dennoch ist die Rangfolge der AB-Mittelwerte innerhalb von C_1 ganz anders als innerhalb von C_2 (Tab. 11 a). Dies wirkt sich im vorliegenden Beispiel derart aus, daß AB eine disordinale Interaktion ist. In Tab. 11 b ist ein Beispiel wiedergegeben, für das eine ABC-Interaktion besteht, obwohl die Quadratsummen der einfachen AB-Interaktionen gleich groß sind.

Der Test der Hypothese $R^2_{y \cdot ABC} = 0$ gibt also für sich genommen wenig Information, und das Ergebnis dieser Prüfung ist schwierig zu interpretieren. Ist die dreifache Interaktion signifikant, so werden meistens die einfachen Interaktionen wie AB(C) oder die einfachen, einfachen Haupteffekte wie A(BC) überprüft. Dieses Vorgehen ist jedoch, wie in Kap. III dargelegt, problematisch.

Da z.B. $\sum^{c} R^2_{y \cdot AB(C)} = R^2_{y \cdot AB} + R^2_{y \cdot ABC}$ und $\sum^{b}\sum^{c} R^2_{y \cdot A(BC)} = R^2_{y \cdot A} + R^2_{y \cdot AB} + R^2_{y \cdot AC} + R^2_{y \cdot ABC}$, ist man zur Prüfung der einfachen AB-Interaktionen nur berechtigt, wenn ein Test zur Zurückweisung der H_o: $R^2_{y \cdot AB} + R^2_{y \cdot ABC} = 0$ führt, und die Überprüfung der einfachen, einfachen A-Haupteffekte sollte nur dann erfolgen, wenn H_o: $R^2_{y \cdot A} + R^2_{y \cdot AB} + R^2_{y \cdot AC} + R^2_{y \cdot ABC} = 0$ abgelehnt wurde. Es wird also folgendes vorgeschlagen:

(1) Zunächst wird die generelle Hypothese H_o: $R^2_{y \cdot A,B,C,AB,AC,BC,ABC} = \sum^{b}\sum^{c} R^2_{y \cdot A(BC)} + \sum^{c} R^2_{y \cdot B(C)} + R^2_{y \cdot C} = \sum^{a}\sum^{c} R^2_{y \cdot B(AC)} + \sum^{c} R^2_{y \cdot A(C)} + R^2_{y \cdot C} = \sum^{a}\sum^{b} R^2_{y \cdot C(AB)} + \sum^{b} R^2_{y \cdot A(B)} + R^2_{y \cdot B} = 0$ geprüft. Dieser Test muß eine große Stärke

zur Entdeckung eines festzulegenden Effekts aufweisen, da die folgenden Anschlußtests nur durchgeführt werden, wenn H_0 zurückgewiesen wurde.

(2) Ist z.B. A ein manipulierter experimenteller Faktor, während B und C Kontrollfaktoren sind, so interessiert vor allem der Test der Hypothese $H_0: \sum^{b}\sum^{c} R^2_{y \cdot A(BC)} = 0$; auf die Prüfung der Hypothesen $\sum^{c} R^2_{y \cdot B(C)} = 0$ und $R^2_{y \cdot C} = 0$ kann möglicherweise verzichtet werden.

(3) Nur wenn $H_0: \sum^{b}\sum^{c} R^2_{y \cdot A(BC)} = 0$ zurückgewiesen worden ist, wird $\hat{R}^2_{y \cdot ABC}$ als Bestandteil dieser Summe auf Signifikanz geprüft. Führt der Test der Hypothese $R^2_{y \cdot ABC} = 0$ zu ihrer Zurückweisung, so werden die einfachen, einfachen Haupteffekte geprüft.

(4) Wird die Hypothese $R^2_{y \cdot ABC} = 0$ beibehalten, so erfolgt eine Prüfung der Hypothesen $R^2_{y \cdot AB} = 0$ und $R^2_{y \cdot AC} = 0$.

Werden beide Hypothesen beibehalten, so kann ein signifikanter Haupteffekt von A konstatiert werden, da nur noch $R^2_{y \cdot A}$ als Bestandteil von $\sum\sum R^2_{y \cdot A(BC)}$ größer als Null sein kann. Wird jedoch die Hypothese $R^2_{y \cdot AB} = 0$ und/oder die Hypothese $R^2_{y \cdot AC} = 0$ zurückgewiesen, so werden die einfachen Haupteffekte A(B) und/oder A(C) geprüft.

Tab. 11: Beispiel für eine AxBxC-Interaktion = 0 (Teil a) und ≠ 0 (Teil B) bei einfachen AB-Interaktionsquadratsummen gleicher Größe.
Die Zahlen geben die Zellenmittelwerte wieder.

		A_1	A_2	A_3			A_1	A_2	A_3
C_1	B_1	1	2	3	C_1	B_1	1	2	3
	B_2	2	4	6		B_2	2	4	6
C_2	B_1	6	4	2	C_2	B_1	3	2	1
	B_2	3	2	1		B_2	6	4	2
			(a)					(b)	

Wenn gezielt bestimmte Hypothesen untersucht werden sollen, verfährt man wie in einem zweifaktoriellen Versuchsplan. Das zu schätzende N* ist

$$N^* = \frac{L}{f^2_{\text{Hypothese}}} + abc,$$

$$\text{wobei } f^2_{\text{Hypothese}} = \frac{R^2_{y \cdot \text{Hypothese}}}{1 - R^2_{y \cdot A,B,C,AB,AC,BC,ABC}}$$

Beispiele für die Kodierung, wenn das Interesse sich von vornherein auf eine einfache Interaktion, z.B. BC(A), oder auf einfache, einfache Haupteffekte, z.B. A(BC), bezieht, finden sich in Tab. 12. Die Kodierung geschieht orthogonal.

Effektgrößenschätzung

Zur Effektgrößenschätzung läßt sich in orthogonalen faktoriellen Versuchsplänen folgendes sagen. Nach wie vor ist $\hat{R}^2_{y \cdot \text{Hypothese}}$ ein Maß für die durch eine Hypothese erklärte Stichprobenvarianz. Wenn in einem dreifaktoriellen Versuchsplan also $\hat{R}^2_{y \cdot B} = 0.01$ ist, dann klärt der Faktor B 1% der gesamten Stichprobenvarianz auf. Fraglich ist der Informationswert dieses Maßes. Im Anschluß an *Cohen* (1973) wird hier je nach Situation für zwei verschiedene Maße plädiert.

(1) In einem einfaktoriellen Referenzexperiment wird der Einfluß einer Variablen A auf die abhängige Variable Y untersucht. $\hat{R}^2_{y \cdot A} = QS(A)/QS(\text{total})$ ist ein Maß für die durch A erklärte totale Stichprobenvarianz.

In einem neuen Experiment werde wenigstens eine neue Variable eingeführt, die im Referenzexperiment *nicht* wirksam war. Z.B. wird zusätzlich zu A ein neuer Faktor B *manipuliert*, oder als Kontrollvariable wird das Geschlecht der Vpn berücksichtigt, während das Referenzexperiment nur mit männlichen Vpn durchgeführt wurde. In diesem Fall ist $\hat{R}^2_{y \cdot A}$ nach wie vor ein Maß für die durch A erklärte Stichprobenvarianz:

$$\hat{R}^2_{y \cdot A} = \frac{QS_A}{QS_A + QS_B + QS_{AB} + QS_{\text{innerhalb}}} = \frac{QS_A}{QS(\text{total})}$$

Tab. 12: Beispiele für die Kodierung zur Prüfung einfacher Effekte

Faktor-kombination	$A(B_1C_1)$ (1)	(2)	$A(B_3C_2)$ (3)	(4)	$B(A_1)$ (5)	(6)	$C(A_1)$ (7)	$BC(A_1)$ (5) x (7)	(6) x (7)
$A_1B_1C_1$	1	1/2	0	0	1	1/2	1	1	1/2
$A_1B_1C_2$	0	0	0	0	1	1/2	−1	−1	−1/2
$A_1B_2C_1$	0	0	0	0	−1	1/2	1	−1	1/2
$A_1B_2C_2$	0	0	0	0	−1	1/2	−1	1	−1/2
$A_1B_3C_1$	0	0	0	0	0	−1	1	0	−1
$A_1B_3C_2$	0	0	1	1/2	0	−1	−1	0	1
$A_2B_1C_1$	−1	1/2	0	0	0	0	0	0	0
$A_2B_1C_2$	0	0	0	0	0	0	0	0	0
$A_2B_2C_1$	0	0	0	0	0	0	0	0	0
$A_2B_2C_2$	0	0	0	0	0	0	0	0	0
$A_2B_3C_1$	0	0	0	0	0	0	0	0	0
$A_2B_3C_2$	0	0	−1	1/2	0	0	0	0	0
$A_3B_1C_1$	0	−1	0	0	0	0	0	0	0
$A_3B_1C_2$	0	0	0	0	0	0	0	0	0
$A_3B_2C_1$	0	0	0	0	0	0	0	0	0
$A_3B_2C_2$	0	0	0	0	0	0	0	0	0
$A_3B_3C_1$	0	0	0	0	0	0	0	0	0
$A_3B_3C_2$	0	0	0	−1	0	0	0	0	0

Dieses Maß ist aber nicht mehr vergleichbar mit der aufgeklärten Stichprobenvarianz im Referenzexperiment, weil *neue* Variablen wirken. Vergleichbar ist nur das Maß

$\hat{R}^2_{yA \cdot B,AB} = QS_A / (QS_A + QS_{\text{innerhalb}})$

das den Zusammenhang zwischen A und y ausdrückt, nachdem die Effekte von B und AB auspartialisiert wurden.

(2) Wenn in einem Referenzexperiment ein unkontrollierter Faktor zur Variation der zufälligen Fehler beiträgt, der in einem zweiten Experiment kontrolliert wurde, so ist die Effektschätzung

$$\hat{R}^2_{y \cdot A} = QS_A \,/\, QS(total)$$

der des ersten Experiments vergleichbar. Dennoch ist auch hier das Maß $\hat{R}^2_{y\,A \cdot B,AB}$ informativ, da es Auskunft gibt, wieviel an totaler Varianz aufgeklärt wird, wenn der Einfluß eines anderen systematischen Faktors ausgeschaltet wird. Mit diesem Maß nähert man sich der Information, wieviel Varianz überhaupt aufklärbar ist durch eine experimentelle Variable (vgl. auch *Keren* und *Lewis* 1979).

Es sei hier darauf hingewiesen, daß man bei der Spezifikation des Stichprobenumfangs ebenfalls von der Partialkorrelation ausgeht. In einem zweifaktoriellen Design ist z.B. zur Spezifikation des Stichprobenumfangs für die Prüfung des Haupteffekts von A

$$f^2_A = \frac{R^2_{yA \cdot B,AB}}{1-R^2_{yA \cdot B,AB}} = \frac{R^2_{y \cdot A}}{1-R^2_{y \cdot A,B,AB}}$$

Parallelisierung

Bei der bisherigen Besprechung faktorieller Versuche ist wiederholt betont worden, daß wenigstens einer dieser Faktoren ein Kontrollfaktor sein kann, dessen Einführung in das Experiment der Reduktion der Fehlervarianz (Präzisierung) dient. Dadurch wird in einem Experiment, für das der Stichprobenumfang nicht rational geplant wurde, die Teststärke erhöht, während die Reduktion der Fehlervarianz bei der Planung des Stichprobenumfangs zu einem geringeren N führt. Der Kontrollfaktor kann qualitativ oder quantitativ abgestuft sein. Eine Sonderform der Einführung eines quantitativen Kontrollfaktors ist das Parallelisieren (matching), das wie folgt abläuft:

Bezüglich der Kontrollvariablen A werden die N Versuchspersonen in eine Rangreihe gebracht. Die Vpn mit den niedrigsten b Rängen werden *zufällig* den b Modalitäten der experimentellen Variablen B zugewiesen; ebenso wird mit den Vpn verfahren, die die Ränge b+1 bis 2b haben usw. Es resultiert ein Versuchsplan mit zwei unabhängigen Variablen ohne Replikation in den Zellen: Variable B ist die experimentelle Variable mit b Modalitäten, Variable A ist die Blockvariable mit a Modalitäten. Unter den Bedingungen normalverteilter Interaktionswerte mit gleichen Varianzen ist der Bruch

$\dfrac{QS_B \,/\, (b-1)}{QS_{AB} \,/\, (a-1)\,(b-1)}$ unter der Nullhypothese F-verteilt mit (b–1) / (a–1) (b–1) Freiheitsgraden, wobei die Variable A als ein Zufallsfaktor angesehen wird.

Wir kommen kurz auf die regressionsanalytische Auswertung eines derartigen Experiments zu sprechen, die insofern arbeitsaufwendig zu sein scheint, als die Blockvariable A in a–1 Variablen kodiert werden muß. *Pedhazur* (1977) hat jedoch gezeigt, daß dieser Aufwand unnötig ist. Wenn die Summe der Werte der AV je Block ($=T_A$) wie eine Prädiktorvariable behandelt wird, ist $\hat{R}^2_{y \cdot T_A}\, QS_{(total)} = QS_A$, und der Test

$$F = \frac{\hat{R}^2_{y \cdot B} \,/\, (b-1)}{(1-\hat{R}^2_{y \cdot T_A,B}) \,/\, (a-1)\,(b-1)} \qquad \text{FG: } b-1 \,/\, (a-1)\,(b-1)$$

entspricht dem varianzanalytischen Test. Tab. 13 demonstriert die Berechnungen an einem Beispiel. In diesem Beispiel wurde die Variable B orthogonal kodiert; T_A ist nicht mit B korreliert und $\hat{R}^2_{y \cdot T_A,B} = \hat{R}^2_{y \cdot T_A} + \hat{R}^2_{y \cdot B}$.

Tab. 13: Varianz- und regressionsanalytische Datenanalyse eines Experiments mit Parallelisierung

	B_1	B_2	B_3	T_A	Varianzanalytische Berechnungen
A_1	1	2	3	6	$QS_A = 54$
A_2	8	7	9	24	$QS_B = 42$ $\quad F = \frac{42/2}{40/4} = 2.1$
A_3	0	3	12	15	$QS_{(total)}$

Kodierungen für regressionsanalytische Berechnungen

y	T_A	B(1)	B(2)
1	6	1	1
2	6	–1	1
3	6	0	–2
8	24	1	1
7	24	–1	1
9	24	0	–2
0	15	1	1
3	15	–1	1
12	15	0	–2

$$\hat{R}^2_{yT_A} = 0.3970 = QS_A/QS_{(total)}$$

$$\hat{R}^2_{yB} = 0.3088 = QS_B/QS_{(total)}$$

$$F = \frac{0.3088/2}{(1-0.3970-0.3088)/4} = 2.0992$$

Um a priori den benötigten Stichprobenumfang zu schätzen, geht man von folgender Formel aus:

$$(a^*-1)\,(b-1) = \frac{L}{f^2_B}$$

$$a^* = \frac{L}{f^2_B(b-1)} + 1$$

a^* ist die benötigte Zahl der Blöcke, die mit b multipliziert werden muß, um N zu erhalten. Ein Experimentator vermutet z.B. einen hohen Zusammenhang zwischen y und der Kontrollvariablen A ($R^2_{y \cdot A} = 0.5$). Mit der Wahrscheinlichkeit 0.95 will er einen Effekt $R^2_{y \cdot B} = 0.10$ bei $\alpha = 0.05$ aufdecken. Dieser Effekt entspricht einem $f^2_B = \frac{0.10}{1-0.50-0.10} = \frac{1}{4}$. Da der experimentelle Faktor 4 Modalitäten hat, findet er für $u = 4-1$ bei *Cohen* (1977) in Tab. 9.4.2 einen L-Wert von 17.17. Damit ist $a^* = \frac{17.17 \cdot 4}{3} = 23$. Der Experimentator benötigt also 4x23 Vpn.

Das Parallelisieren hat den Nachteil, daß gegen die Interaktionsvarianz geprüft wird, die selbst nicht auf Signifikanz geprüft werden kann. Deshalb ist es vorteilhaft, wenigstens 2 Blöcke jeweils zu einer Modalität zusammenzufassen und diese neue Variable als fixierten Faktor anzusehen. Die Interaktion ist jetzt auf Signifikanz prüfbar (vgl. *Bredenkamp* 1969). Ist sie statistisch bedeutsam, sollte der Haupteffekt nur interpretiert werden, wenn die experimentelle UV ein ordinaler Faktor ist (vgl. III, 3.1.1.2). *Feldt* (1958) hat die jeweils optimale Zahl von Modalitäten für diese neue Kontrollvariable angegeben (vgl. auch *Bredenkamp* 1969). Ein alternatives Verfahren wird im Zusammenhang mit den Ausführungen zur Kovarianzanalyse dargestellt.

Häufig wird der Fehler begangen, das Parallelisieren als Kontrollmethode zur Sicherung der internen Validität anzusehen (vgl. z.B. *Gadenne* 1976). Daraus resultiert der Fehler, in nichtexperimentellen Untersuchungen verschiedene selegierte Gruppen bzgl. einer Kontrollvariablen homogenisieren zu wollen (sog. ex post facto-Experiment). Dieser Versuch führt jedoch zu Regressionsartefakten, auf deren Darstellung hier verzichtet werden muß (vgl. z.B. *Campbell* und *Stanley* 1963; *Humphreys* 1974). Das Parallelisieren ist eine *experimentelle Kontrolltechnik zur Reduktion der Fehlervarianz*; es ist keine Technik zur Sicherung der internen Validität nichtexperimenteller Untersuchungen.

Nonparametrische Verfahren

Bisher wurden für den orthogonalen Fall parametrische Verfahren vorgestellt, denen die Annahme normalverteilter Populationen mit gleichen Varianzen zugrunde liegt. Verletzungen dieser Annahmen erzwingen nicht unbedingt die Anwendung nonparametrischer Verfahren, obwohl für diesen Fall Informationen vorliegen, daß nonparametrische im Vergleich zu parametrischen Tests die Interaktionshypothese stärker testen (*Engelhardt* 1977). Vor allem erfordern parametrische Tests zumindest eine Intervallskala der AV, damit die empirische Bedeutsamkeit der numerischen Aussagen gewährleistet ist (vgl. III, 3.1). Im folgenden wird ein Verfahren für eine rangskalierte AV dargestellt.

Wenn die Vpn *allen* Faktormodalitäten A_iB_j zufällig zugeordnet worden sind, läßt sich die H-Statistik von *Kruskal* und *Wallis* in ab–1 additive Teilgrößen mit je einem Freiheitsgrad zerlegen. Wenn die Variablen, in die die Faktoren kodiert wurden, orthogonal sind, gilt:

$$H = (N-1)\left[\sum_{i=1}^{a-1} \hat{r}^2_{yA} + \sum_{j=1}^{b-1} \hat{r}^2_{yB} + \sum_{i,j}^{(a-1)(b-1)} \hat{r}^2_{y(AB)}\right]$$

wobei

$$H_A = (N-1) \sum_{i}^{a-1} \hat{r}^2_{yA}$$

$$H_B = (N-1) \sum_{j}^{b-1} \hat{r}^2_{yB}$$

$$H_{AB} = (N-1) \sum_{i,j}^{(a-1)(b-1)} \hat{r}^2_{y(AB)}$$

Diese Statistiken sind bei nicht zu kleinem Stichprobenumfang asymptotisch χ^2-verteilt, wenn die jeweiligen Nullhypothesen zutreffen. Werden keine gezielten Hypothesen überprüft, so sollte zuerst für den generellen Test der Stichprobenumfang spezifiziert werden. Diese Schätzung erfolgt zunächst für eine parametrische Regressionsanalyse so, wie es geschildert wurde. Da die asymptotische relative Effizienz des nonparametrischen Tests etwa 0.95 beträgt (vgl. *Lienert* 1973), ist der erforderliche Stichprobenumfang $N^*_{np} = N^*/0.95$. Wenn der generelle Test zur Ablehnung der Nullhypothese führt, kann überprüft werden, welche Effekte signifikant sind. Man geht genau so vor, wie es für parametrische Analysen beschrieben wurde. Wenn bestimmte Hypothesen von vornherein getestet werden sollen, bestimmt man

$$N^*_{np} = \frac{N^*}{0.95}$$

wobei N^* der für den speziellen Test benötigte parametrische Stichprobenumfang ist.

Dieser Test kann sich auf die Interaktion, auf Haupteffekte oder einfache Haupteffekte beziehen. Wenn verschiedene Hypothesen getestet werden sollen, führt dies zu mehreren unterschiedlichen Spezifizierungen von N^*_{np}. Es ergeben sich Probleme und Lösungsmöglichkeiten, wie sie in Abschnitt V, 3.1 dargelegt wurden.

Die Zerlegung von H beruht auf einem Ansatz, der ausführlich bei *Bredenkamp* (1974) dargestellt wurde. Im Unterschied zu dem dort dargestellten Verfahren ist hier die Zerlegung derart vorgenommen worden, daß H direkt als Funktion der Summe der quadrierten Korrelationen zwischen den kodierten Variablen und der abhängigen Variablen ausgedrückt wird. Dies erleichtert die Abschätzung der Effektgröße; denn es kann leicht errechnet werden, wieviel Rangvarianz durch eine Variable aufgeklärt worden ist (vgl. Abschnitt V, 3.1).

Die vorgeschlagenen Tests sind asymptotische Tests, d. h. N sollte nicht zu klein sein, damit die Teststatistik H approximativ χ^2 verteilt ist. Nach *Engelhardts* (1977) Untersuchungen kommt man allerdings in einem 2x2-Design schon mit $n=5$ Vpn pro Zelle aus, und in einem 3x3-Versuchsplan genügen $n=2$ Vpn pro Zelle. Einen exakten Wechselwirkungstest für $a=2$ und $b=2$ hat *Krüger* (1977) vorgestellt.

Ist parallelisiert worden, so wird bei rangskalierter AV ein χ^2_r-Test nach *Friedman* (vgl. *Lienert* 1973) durchgeführt. Zur Planung des Stichprobenumfangs berechnet man $N_{np} = N^*\pi\,(k+1)/3k$, da die asymptotische relative Effizienz $\frac{3}{\pi}\,(\frac{k}{k+1})$ beträgt (*Lienert* 1973).

Experimente mit korrelierten Faktoren

Bisher wurden ausschließlich Beispiele für unkorrelierte Faktoren abgehandelt. Kaum ein Thema der psychologischen Methodenlehre ist derart kontrovers diskutiert worden wie das der Anwendung von Varianz- oder Regressionsanalysen bei faktoriellen Versuchsplänen (fixierte Faktoren) mit ungleichem n (z.B. *Overall* und *Spiegel* 1969, *Appelbaum* und *Cramer* 1974, *Overall, Spiegel* und *Cohen* 1975, *Keren* und *Lewis* 1976, 1977, *Jennings* 1978, *Herr* und *Gaebelein* 1978). Durch das ungleiche n wird (mit Ausnahme proportionaler Zellenfrequenzen) die Korrelation zwischen den Faktoren ungleich Null. In diesem Fall lassen sich die Hypothesen, daß kein Reiheneffekt ($= H_r$) bzw. Spalteneffekt ($= H_s$) vorliegt, verschieden interpretierten (vgl. *Herr* und *Gaebelein* 1978), während die Hypothese, daß alle Interaktionseffekte Null sind ($= H_i$), immer in derselben Weise gedeutet wird. Tab. 14, die *Herr* und *Gaebelein* (1978) folgend erstellt wurde, zeigt, daß die erste Interpretation von H_r und H_s ($H_r(1)$ und $H_s(1)$) sich auf die Gleichheit ungewichteter Reihen- und Spaltenmittelwerte bezieht. Faßt man die Hypothesen als Modellvergleiche auf, so wird deutlich, daß jede Hypothese den Varianzanteil der AV y prüft, der durch das Modell $y = \mu + \alpha + \beta + \gamma + e$ erklärt wird, nicht jedoch durch das Modell, welches eine Komponente außer acht läßt (vgl. zum Modellvergleich auch *Appelbaum* und *Cramer* 1974, *Keren* und *Lewis* 1976).

Eine zweite Interpretation bezieht sich auf die Gleichheit gewichteter Reihen- und Spaltenmittelwerte ($H_r(2)$ und $H_s(2)$). Wenn z.B. die Zellenfrequenzen in einem 2x3-Design folgende Werte annehmen:

$r=1,\ s=1\ :\ n_{11} = 15$
$r=1,\ s=2\ :\ n_{12} = 10$
$r=1,\ s=3\ :\ n_{13} = 5$

r=2, s=1 : $n_{21} = 5$
r=2, s=2 : $n_{22} = 10$
r=2, s=3 : $n_{23} = 15$

so sind die gewichteten Mittelwerte, an zwei Beispielen demonstriert, wie folgt zu finden:

$$\mu_{1*} = \frac{n_{11}}{n_{11}+n_{12}+n_{13}} \mu_{11} + \frac{n_{12}}{n_{11}+n_{12}+n_{13}} \mu_{12} + \frac{n_{13}}{n_{11}+n_{12}+n_{13}} \mu_{13}$$
$$= \frac{15}{30} \mu_{11} + \frac{10}{30} \mu_{12} + \frac{5}{30} \mu_{13}$$

Tab. 14: Interpretationen von H_r, H_s und H_i (nach *Herr* und *Gaebelein* 1978)
α = Reiheneffekt, β = Spalteneffekt, γ = Interaktionseffekt,
e = experimenteller Fehler

Interpretation	Parametrische Hypothese	Modellvergleich		
H_r (1)	$\mu_{1.} = \dots = \mu_{k.}$	$y = \mu+\beta+\gamma+e$	vs.	$y = \mu+\alpha+\beta+\gamma+e$
H_s (1)	$\mu_{.1} = \dots = \mu_{.1}$	$y = \mu+\alpha+\gamma+e$	vs.	$y = \mu+\alpha+\beta+\gamma+e$
H_i (1)	Alle $\mu_{rs} - \mu_r - \mu_s + \mu = 0$	$y = \mu+\alpha+\beta+e$	vs.	$y = \mu+\alpha+\beta+\gamma+e$
H_r (2)	$\mu_{1*} = \dots = \mu_{k*}$	$y = \mu+e$	vs.	$y = \mu+\alpha+e$
H_s (2)	$\mu_{*1} = \dots = \mu_{*k}$	$y = \mu+e$	vs.	$y = \mu+\beta+e$
H_r (3)		$y = \mu+\beta+e$	vs.	$y = \mu+\alpha+\beta+e$
H_s (3)		$y = \mu+\alpha+e$	vs.	$y = \mu+\alpha+\beta+e$

$$\mu_{*2} = \frac{n_{12}}{n_{12}+n_{22}} \mu_{12} + \frac{n_{22}}{n_{12}+n_{22}} \mu_{22}$$
$$= \frac{10}{20} \mu_{12} + \frac{10}{20} \mu_{22}$$

Ein Blick auf Tab. 14 zeigt, daß die Tests dieser Hypothesen Modellvergleiche involvieren, in denen die Interaktionskomponente γ von vornherein ausgeschlossen ist. $H_r(2)$ ist also z.B. die Hypothese, daß kein Reiheneffekt besteht, wenn Spalten- und Interaktionseffekte *ignoriert* werden.

Eine dritte Interpretation von H_r und H_s ($H_r(3)$ und $H_s(3)$) bezieht sich auf Modellvergleiche, die anzeigen, daß z.B. die Hypothese H_r keine Reiheneffekte in Gegenwart von Spalteneffekten konstatiert; ignoriert werden Interaktionseffekte. Der Unterschied zwischen $H_r(2)$ und $H_r(3)$ ist also folgender: $H_r(2)$ ist die Hypothese eines fehlenden Reiheneffekts, wenn Interaktionseffekte ignoriert werden; $H_r(3)$ ist die Hypothese eines fehlenden Reiheneffekts, wenn Interaktionseffekte ignoriert und Spalteneffekte adjustiert werden. Auf die genaue Spezifizierung der parametrischen Hypothese wird verzichtet, da die Gewichtung kompliziert ist und der Modellvergleich deutlicher erkennen läßt, was geprüft wird.

Die Datenanalyse einer nicht-orthogonalen Versuchsanordnung testet bestimmte Interpretationen von H_r, H_s und H_i. Die gewählte Interpretation determiniert das Vorgehen bei den Hypothesentests. *Herr* und *Gaebelein* (1978) unterscheiden fünf Modelle der Datenanalyse, die alle Interpretationen enthalten, welche in der Literatur gewöhnlich vorzufinden sind (vgl. Tab. 15). Wenn alle Zellen – n gleich groß sind, so führen alle Datenanalysen zu demselben Ergebnis; anderenfalls unterscheiden sich die Ergebnisse verschiedener Datenanalysen, so daß eine Spezifikation der Hypothese, die man testen will, außerordentlich wichtig ist. Bei der Durchführung einer multiplen Regressionsanalyse stellt die Effektkodierung sicher, daß die in Tab. 14 angegebenen Hypothesen auch wirklich geprüft werden; dies gilt für die Dummy-Kodierung nicht. Tab. 16 zeigt, welche Hypothese in Abhängigkeit von der gewählten Kodierung und dem Modell der Datenanalyse jeweils geprüft wird (vgl. *Blair* und *Higgins* 1978).

Um die Teststärke nicht über Gebühr zu mindern, bedient man sich eines der in Tab. 15 aufgeführten Modelle der Datenanalyse und vermeidet die Orthogonalisierung der Faktoren in der Stichprobe durch Elimination von Vpn. Die Apriori-Spezifikation des Stichprobenumfangs bezieht sich auf ein für alle Zellen gleiches n, weil in der experimentellen Psychologie davon ausgegangen werden kann, daß die wahre Korrelation zwischen den Faktoren Null ist.

Tab. 15: Modelle der Datenanalyse bei nicht-orthogonalen Faktoren
QS_t ist die totale adjustierte Quadratsumme. Bei der Bildung der F-Brüche braucht QS_t nicht berechnet zu werden, wenn für die Datenanalyse ein multipler Regressionsansatz gewählt wird, da QS_t sowohl im Zähler wie im Nenner des F-Bruches erscheint. Die Freiheitsgrade für die QS werden wie bei orthogonalen Versuchsplänen bestimmt.

Modell	Quelle	QS
I	$H_r(1)$	$[A]_I = QS_t\,[R^2(\alpha,\beta,\gamma) - R^2(\beta,\gamma)]$
	$H_s(1)$	$[B]_I = QS_t\,[R^2(\alpha,\beta,\gamma) - R^2(\alpha,\gamma)]$
	$H_i(1)$	$[AB] = QS_t\,[R^2(\alpha,\beta,\gamma) - R^2(\alpha,\beta)]$
	Fehler	$[E] = QS_t\,[1 - R^2(\alpha,\beta,\gamma)]$
II	$H_r(3)$	$[A]_{II} = QS_t\,[R^2(\alpha,\beta) - R^2(\beta)]$
	$H_s(3)$	$[B]_{II} = QS_t\,[R^2(\alpha,\beta) - R^2(\alpha)]$
	$H_i(1)$	[AB]
	Fehler	[E]
IIIa	$H_r(2)$	$[A]_{IIIa} = QS_t\,[R^2(\alpha)]$
	$H_s(3)$	$[B]_{IIIa} = QS_t\,[R^2(\alpha,\beta) - R^2(\alpha)]$
	$H_i(1)$	[AB]
	Fehler	[E]
IIIb	$H_r(3)$	$[A]_{IIIb} = [A]_{II} = QS_t\,[R^2(\alpha,\beta) - R^2(\beta)]$
	$H_s(2)$	$[B]_{IIIb} = QS_t\,[R^2(\beta)]$
	$H_i(1)$	[AB]
	Fehler	[E]
IV	$H_r(2)$	$[A]_{IIIa}$
	$H_s(2)$	$[B]_{IIIb}$
	$H_i(1)$	[AB]
	Fehler	[E]

Tab. 16: Abhängigkeit der getesteten Hypothesen von der Kodierung und dem Modell der Datenanalyse

	Modell der Datenanalyse				
Kodierung	I	II	IIIa	IIIb	IV
Dummy	——a)	$H_r(3)$	$H_r(2)$	$H_r(3)$	$H_r(2)$
	——	$H_s(3)$	$H_s(3)$	$H_s(2)$	$H_s(2)$
Effekt	$H_r(1)$	$H_r(3)$	$H_r(2)$	$H_r(3)$	$H_r(2)$
	$H_s(1)$	$H_s(3)$	$H_s(3)$	$H_s(2)$	$H_s(2)$
orthogonal	$H_r(1)$	$H_r(3)$	$H_r(2)$	$H_r(3)$	$H_r(2)$
	$H_s(1)$	$H_s(3)$	$H_s(3)$	$H_s(2)$	$H_s(2)$

a) keine der angegebenen Hypothesen wird getestet

Welches Modell der Datenanalyse soll der Experimentator verwenden? Modell IV entfällt weitgehend für die experimentelle Psychologie. Modell II oder III sollte bei proportionalen Zellenbesetzungen angewendet werden, nicht jedoch Modell I (vgl. *Overall* und *Spiegel* 1969). Bei proportionalen Zellenbesetzungen führen Modell II und III zu denselben Ergebnissen. Proportional sind die Zellenbesetzungen, wenn die erste kanonische Korrelation zwischen den unabhängigen Variablen Null ist. Eine andere Möglichkeit ist die, via Chi^2 die Kontingenz zwischen den Variablen zu berechnen. Besteht Proportionalität, dann ist die Kontingenz Null (vgl. *Cohen* und *Cohen* 1975).

Die weiteren Empfehlungen, die hier zu geben sind, richten sich nach der "Natur" der unabhängigen Variablen. Sie beziehen sich auch auf Versuchspläne, die üblicherweise nicht unter "ungleichen Zellenfrequenzen" behandelt werden.

Wenn beide unabhängigen Variablen experimentelle Faktoren sind, die gleichermaßen interessieren, so sollte bei qualitativer Abstufung der Variablen Modell I oder Modell II der Datenanalyse gewählt werden. Modell I testet die Hypothesen, die üblicherweise in orthogonalen Versuchsplänen geprüft werden, und ist deshalb ein direktes Analogen zur orthogonalen Varianzanalyse (*Overall* et al 1975, *Herr* und *Gaebelein* 1978). Die Effektgrößen sind quadrierte semipartielle Korrelationen, die die Größe des Zusammenhangs zwischen einer abhängigen Variablen und einer unabhängigen Variablen, aus der *alle* anderen unabhängigen Variablen *auspartialisiert* wurden, ausdrücken (z.B. $r^2_{y(A \cdot B,AB)} = R^2_{y \cdot A,B,AB} - R^2_{y \cdot B,AB}$). Dagegen ist in Modell II (wie in jedem anderen Modell auch) nur die Effektgröße für die Interaktion eine quadrierte semipartielle Korrelation, die den Einfluß *aller* anderen Variablen auf die Interaktionsvariablen ausschaltet, während bei der Prüfung der Haupteffekte nur die anderen Haupteffekte auspartialisiert werden (vgl. Tab. 15). Wenn die Interaktion Null ist, sind Modell I und II äquivalent.

Ist eine der unabhängigen Variablen eine qualitativ gestufte Kontrollvariable, so wird Modell IIIa, wenn sie den Reihenfaktor, und Modell IIIb, wenn sie den Spaltenfaktor konstituiert, empfohlen. In diesem Fall prüft der Test der Einflußnahme des experimentellen Faktors, wieviel Varianz durch diesen Faktor aufgeklärt wird, nachdem der Einfluß des Kontrollfaktors auf die experimentelle Variable ausgeschaltet wurde. Dieses Vorgehen entspricht dem einer Kovarianzanalyse mit einer Ausnahme: Die Kovarianzanalyse nimmt an, daß die Interaktion der Faktoren Null ist (s. u.).

Handelt es sich bei A und B um zwei quantitative experimentelle Variablen, so wird Modell II empfohlen. Die Analyse dieses Problems mittels der multiplen Regressionsanalyse hat gravierende Vorteile. Wenn z. B. A die Bildhaftigkeit und B die Bedeutungshaltigkeit des Lernmaterials (Substantive) ist, so korrelieren beide Variablen miteinander (vgl. *Baschek* et al 1977). Ein experimentelles Vorgehen, das nur solche Substantive benutzt, bei denen beide Variablen unkorreliert sind, ist nicht valide (fehlende Variablenvalidität). Die multiple Regressionsanalyse bezieht die Korrelation zwischen den unabhängigen Variablen angemessen in die Analyse mit ein. Ist eine der quantitativen Variablen ein Kontrollfaktor, so wird Modell IIIa oder IIIb angewendet. Modell I kann in keinem Fall empfohlen werden (zur Begründung vgl. *Cohen* 1978).

Dieselben Empfehlungen gelten, wenn eine Variable qualitativ, die andere Variable quantitativ gestuft ist. Ist die Kontrollvariable als Reihenfaktor quantitativ gestuft, so entspricht die Anwendung von Modell IIIa der üblichen Kovarianzanalyse, nur daß die Kovarianzanalyse eine Null-Interaktion zwischen der Kovariaten und der experimentellen Variablen annimmt. Die Analyse dieses Problems mittels der multiplen Regressionsanalyse hat einige Vorteile. So ist es nicht notwendig, wie in einer Varianzanalyse den quantitativen Kontrollfaktor in einige wenige Klassen zu unterteilen. Bei einer Dichotomisierung der quantitativen Kontrollvariablen wird ihr Effekt auf die AV durch die quadrierte punktbiseriale Korrelation ausgemacht, die, wenn y und die im Median dichotomisierte Kontrollvariable normalverteilt sind, nur 64% der quadrierten Produktmomentkorrelation zwischen der Kontrollvariablen und y beträgt. Damit ist die Teststärke zur Prüfung der Wirkung des experimentellen Faktors größer, wenn die Kontrollvariable nicht dichotomisiert wurde. Allerdings *kann* die Dichotomisierung zur Bildung von *Extremgruppen* (z. B. oberes und unteres Drittel der Vpn) sich begünstigend auf die Teststärke auswirken (vgl. *Borich* und *Godbout* 1974, *Alf* und *Abrahams* 1975).

Die Kovarianzanalyse ist ein Verfahren zur Kontrolle der interindividuellen Varianz. Regressionsanalytisch gesprochen prüft die Kovarianzanalyse, ob die quadrierte semipartielle Korrelation $r^2_{y \cdot (B \cdot A)} = R^2_{y \cdot A,B} - R^2_{y \cdot A}$ Null ist. Unter bestimmten Bedingungen ist die Statistik

$$F = \frac{(\hat{R}^2_{y \cdot A,B} - \hat{R}^2_{y \cdot A}) / (b-1)}{(1-\hat{R}^2_{y \cdot A,B}) / (N-b-1)}$$

F-verteilt mit b–1/N–b–1 Freiheitsgraden, wobei b–1 die Anzahl der Freiheitsgrade für die experimentelle Bedingungsvariable B ist (A ist die Kovariate). Der regressionsanalytische Ansatz macht es einfach, mehr als eine Kovariate und mehr als eine experimentelle Variable zu verwenden (vgl. *Cohen* und *Cohen* 1975).

Eine Voraussetzung, unter der obiger Bruch F-verteilt ist, betrifft die Homogenität der Regressionen von y auf die Kovariate A unter den verschiedenen Modalitäten der experimentellen Variablen B. Diese Homogenitätsannahme ist identisch mit der Aussage, daß die Interaktion zwischen A und B Null ist. Ein Test dieser Hypothese lautet

$$F = \frac{(\hat{R}^2_{y \cdot A,B,AB} - \hat{R}^2_{y \cdot A,B}) / (b-1)}{(1-\hat{R}^2_{y \cdot A,B,AB}) / (N-2b)}$$

mit b–1/N–2b Freiheitsgraden. Ist der F-Wert kleiner als der kritische F-Wert, so steht das Ergebnis im Einklang mit der Annahme der Kovarianzanalyse. Besteht dagegen die

Interaktion, so ist zwar die Durchführung einer Kovarianzanalyse inkorrekt; nichts spricht aber in diesem Fall gegen eine Analyse der Daten nach Modell IIIa, wobei der Haupteffekt der experimentellen UV, wie üblich, nur interpretiert werden sollte, wenn die Interaktion für die UV ordinal ist. Überhaupt erscheint die Kovarianzanalyse im Lichte einer multiplen Regressionsanalyse als unnötig restriktiv.

Eine weitere Annahme der Kovarianzanalyse besagt, daß die unabhängige Variable keinen Einfluß auf die Kovariate haben darf. In der experimentellen Psychologie ist diese Annahme leicht zu erfüllen, da die Vpn den Bedingungen zufällig zugeteilt werden. Damit ist der Erwartungswert der Korrelation zwischen A und B Null. In der Stichprobe wird diese Korrelation von Null abweichen. Oftmals wird die Kovarianzanalyse jedoch auch in nichtexperimentellen Untersuchungen eingesetzt, wenn der Erwartungswert der Korrelation zwischen A und B ungleich Null ist. Die Kovarianzanalyse soll geradezu in Korrelationsstudien dazu dienen, Unterschiede bzgl. einer Kovariaten auszugleichen. Obwohl verschiedene Methodologen sich nicht einig werden können, ob dieses Vorgehen gerechtfertigt ist, scheinen uns zu Recht Bedenken gegen die Anwendung der Kovarianzanalyse in nicht-experimentellen Untersuchungen zu bestehen. In der Kovarianzanalyse wird die Signifikanz von $r^2_{y \cdot (B \cdot A)}$ getestet, d.h. unterstellt wird eine Verursachungsrichtung A→B. Wenn aber verschiedene Gruppen bzgl. der Kovariaten sich unterscheiden, ist die Verursachungsrichtung zumindest unklar. Läßt sich die Richtung der Verursachung theoretisch spezifizieren, so gibt es bestimmte Verfahren (Pfadanalyse), die das Modell prüfen. Die Kovarianzanalyse ist nur adäquat, wenn die Spezifikation die Richtung A→B beinhaltet (*Cohen* und *Cohen* 1975).

Eine weitere Annahme der Kovarianzanalyse ist die, daß die Kovariate ein fixierter Faktor mit der Reliabilität 1 ist. Diese Annahme gilt für alle unabhängigen Variablen multipler Regressionsanalysen, die hier behandelt wurden und werden. Bei der Kovarianzanalyse ist sie jedoch insofern kritisch, als oftmals Persönlichkeitsvariablen als Kovariate eingesetzt werden. Wenn die Reliabilität dieser Variablen nicht sehr groß ist ($r_{AA} < 0.80$), werden die Ergebnisse sehr verfälscht (vgl. dazu *Cohen* und *Cohen* 1975). In diesem Fall ist es besser, sich anderer Verfahren zur Varianzkontrolle zu bedienen (z.B. Parallelisieren).

Weitere Annahmen der Kovarianzanalyse sind: Die zufälligen Fehler müssen normal und homogen variant verteilt sein. Inwieweit Verletzungen dieser Annahmen sich auf den α- und β-Fehler auswirken, ist kaum untersucht worden (vgl. *Glass* et al 1972). Neuere Monte Carlo-Untersuchungen (*Overall* und *Woodward* 1977) scheinen dafür zu sprechen, daß einige der genannten Bedingungen (Kovariate als fixierter Faktor, Homogenität der Regressionen) nicht kritisch sind.

In der experimentellen Psychologie dient die Kovarianzanalyse allein der Präzisierung. Anders gewendet liegt der Vorteil der Kovarianzanalyse gegenüber einer Untersuchung ohne Kontrolle der interindividuellen Varianz darin, daß ein geringerer Stichprobenumfang benötigt wird. Soll z.B. ein Effekt der Größe $R^2_{y \cdot B} = 0.10$ mit einer Wahrscheinlichkeit von 0.95 bei $\alpha = 0.05$ aufgedeckt werden, so benötigt der Experimentator ohne Kontrolle der interindividuellen Varianz bei $b = 3$ Bedingungen

$$N^* = \frac{L\,(1-R^2_{y \cdot B})}{R^2_{y \cdot B}} + b = 144 \text{ Vpn.}$$

Nimmt der Experimentator als Korrelation zwischen der Kovariaten A und y 0.5 an, so ist für $b = 3$

$$N^* = \frac{L\,(1-R^2_{y\cdot A} - R^2_{y\cdot B})}{R^2_{y\cdot B}} + b + 1 = \frac{15.44\,(1-0.25-0.10)}{0.10} + 3 + 1 = 105$$

R^2_A und R^2_B sind hierbei also als additive Größen behandelt worden. In der Stichprobe ist vermutlich $\hat{R}^2_{y\cdot A,B} \neq \hat{R}^2_{y\cdot A} + \hat{R}^2_{y\cdot B}$, was zu einer Verminderung der Teststärke führen kann. Deshalb sollte der tatsächliche Stichprobenumfang etwas größer als N* gewählt werden (z.B. 111).

Interessant ist ein Vergleich der Kovarianzanalyse mit dem Parallelisieren. Bei der Kovarianzanalyse wird die Fehlervarianz reduziert, indem der zu lasten der Kovariaten gehende Varianzanteil subtrahiert wird. Dieser Anteil ist proportional der *linearen* Korrelationen zwischen der AV und der Kovariaten. Beim Parallelisieren wird die Varianz zu lasten der Blockvariable A subtrahiert. Regressionsanalytisch gesprochen wird damit die lineare Varianz und die zu lasten aller höheren a–2 Trendkomponenten gehenden Varianz ausgeschaltet. Deswegen gehen bei der Kovarianzanalyse nur ein Freiheitsgrad und beim Parallelisieren a–1 Freiheitsgrade für den Nenner verloren. Wenn nun die höheren Trendkomponenten keine Varianz aufklären, muß die Kovarianzanalyse das präzisere Verfahren sein. Nach *Cox* (1957) gilt dies, wenn die lineare Korrelation zwischen AV und Kovariate größer als 0.8 ist, während das Parallelisieren bei Korrelationen $r \leq 0.6$ präziser sein soll.

Das Parallelisieren führt, wie berichtet, zu der Schwierigkeit, daß gegen die Wechselwirkungsvarianz geprüft wird, die selbst nicht auf Signifikanz geprüft werden kann. Dieser Nachteil, aber auch der Vorteil, den das Parallelisieren bei geringeren Korrelationen zwischen AV und Kontrollvariable hat, kann angemessen in einem multiplen Regressionsmodell vermieden bzw. übernommen werden, wenn auch höhere Trendkomponenten berücksichtigt werden. Z.B. prüft dann der Test

$$F = \frac{(\hat{R}^2_{y\cdot A,A^2,B} - \hat{R}^2_{y\cdot A,A^2}) / (b-1)}{(1-\hat{R}^2_{y\cdot A,A^2,B}) / (N-b-2)} \qquad FG: (b-1) / N-b-2$$

ob ein Haupteffekt des Faktors B nach Ausschaltung des Einflusses der Variablen A und A^2 vorliegt. Der Test der Interaktion lautet

$$F = \frac{(\hat{R}^2_{y\cdot A,A^2,B,AxB,A^2xB} - \hat{R}^2_{y\cdot A,A^2,B}) / 2(b-1)}{(1-\hat{R}^2_{y\cdot A,A^2,B,AxB,\,A^2xB}) / (N-3b)} \qquad FG: 2(b-1)/N-3b$$

In diesem Test wird die Kontrollvariable als fixierter Faktor behandelt, und es wird vorausgesetzt, daß die Vpn zufällig den Modalitäten der experimentellen UV zugeordnet worden sind.

Ein einfaches nonparametrisches Analogon zur Kovarianzanalyse diskutieren *Burnett* und *Barr* (1977).

3.3 Multivariate Experimente

Zur Auswertung multivariater Experimente sollten unter bestimmten Voraussetzungen multivariate Varianzanalysen herangezogen werden. Ohne einen generellen Test der Nullhypothese, daß die experimentellen Bedingungen keinen Einfluß auf mehrere simultan analysierte AVn haben, summieren sich die α-Fehlerwahrscheinlichkeiten für univariate Analysen einzelner AV, die miteinander korrelieren, in unbekanntem Ausmaß auf, sofern die generelle Nullhypothese zutrifft (vgl. dazu *Feild* und *Armenakis* 1974). Genau wie die univariate Varianzanalyse ein Spezialfall der multiplen Regressionsanalyse ist, so ist die multivariate Varianzanalyse ein Spezialfall der multivariaten Regressionsanalyse (vgl. *Knapp* 1978). Bei der multivariaten Regressionsanalyse geht es darum herauszufinden, ob k–1 unabhängige Variablen einen Einfluß auf p simultan analysierte Variablen haben. Ist p= 1, handelt es sich um ein multiples Regressionsproblem.

Die multivariate Regressionsanalyse geht konzeptuell so vor, daß zunächst die k–1 unabhängigen und die p abhängigen Variablen derart gewichtet werden, daß die Produktmoment-Korrelation zwischen den Linearkombinationen $C_1 = \sum_{j=1}^{k-1} w_{j1} z_j$ und $C'_1 = \sum_{q=1}^{p} w_{q1} z_q$ ein Maximum und die Varianz dieser Variablen 1 ist. Die Korrelation zwischen C_1 und C'_1 wird die erste kanonische Korrelation genannt, und C_1 und C'_1 sind die ersten kanonischen Variablen. z_j und z_q sind Standardwerte mit dem Mittelwert Null und der Varianz 1, so daß auch die Mittelwerte der kanonischen Variablen Null sind.

Sind die ersten kanonischen Variablen gefunden – auf die Berechnungen kann hier nicht eingegangen werden (vgl. dazu *Moosbrugger* 1978) – wird der aus den einzelnen Variablen erklärbare Teil auspartialisiert. Man bildet also die Variablen $z_j - \hat{r}_{z_jC_1} C_1$ und $z_q - \hat{r}_{z_qC'_1} C'_1$. Dann werden wiederum Gewichte w_2 gesucht, so daß die Produktmoment-Korrelation zwischen den Variablen $C_2 = \sum_j w'_{j2} (z_j - \hat{r}_{z_qC_1} C_1)$ und $C'_2 = \sum_q w'_{q2} (z_q - \hat{r}_{z_qC'_1} C'_1)$ ein Maximum ist. Diese Korrelation heißt die zweite kanonische Korrelation, und C_2 und C'_2 sind die zweiten kanonischen Variablen. Durch Transformation erhält man die kanonischen Variablen als Funktion der Ausgangsvariablen: $C_2 = \sum_j w_{j2} z_j$ und $C'_2 = \sum_q w_{q2} z_q$.

Insgesamt ergeben sich, wenn man so fortfährt, k–1 oder p kanonische Variablenpaare mit den kanonischen Korrelationen $\hat{R}_{c1}, \hat{R}_{c2}, \ldots$ Ist $k-1 < p$, erhält man k–1 Variablenpaare; bei $k-1 > p$ erhält man p Variablenpaare, wobei $\hat{R}_{c1} \geq \hat{R}_{c2} \geq \hat{R}_{c3}$ usw.

Die statistischen Tests zur Überprüfung des Einflusses der unabhängigen Variablen auf p simultan analysierte abhängige Variablen gehen von unterschiedlichen Kriterien aus.

(1) *Wilks* hat die Prüfgröße Λ eingeführt.

$\Lambda = (1-\hat{R}^2_{c1})\,(1-\hat{R}^2_{c2}) \ldots (1-\hat{R}^2_{cp})$,

wobei die Indizierung $p \leq k-1$ voraussetzt. Folgende Tests, die Λ einbeziehen, lassen sich durchführen (vgl. *Rulon* und *Brooks* 1968, *Bock* und *Haggard* 1968, *Olson* 1976):

(a) $\chi^2 = -[n_h + n_e - \frac{1}{2}(n_h + p + 1)] \ln \Lambda$ $\qquad$ $FG = pn_h$

wobei n_h = Anzahl der Freiheitsgrade für eine Hypothese

n_e = Anzahl der Freiheitsgrade für den Fehler

(b)

$$F = \frac{1-\Lambda^{1/s}}{\Lambda^{1/s}} \frac{ms-v}{pn_h} \qquad FG = p(n_h) \;/\; ms-v$$

$$m = \frac{2N-p-n_h-3}{2} \qquad s = \sqrt{\frac{p^2\,(n_h)^2-4}{p^2+(n_h)^2-5}}$$

$$v = \frac{p\,(n_h)-2}{2}$$

In einem einfaktoriellen Experiment mit k=4 experimentellen Bedingungen, p=3 AVn und 4x25 = 100 Vpn gilt also:

$n_h = k-1 = 3$, $n_e = 96$; damit ist die Größe $[3+96+\frac{1}{2}(3+3+1)]\ \ln\Lambda$ bei Gültigkeit von H_0 approximativ χ^2-verteilt mit 3x3=9 Freiheitsgraden.

Ferner gilt:

$$m = \frac{2x100-3-3-3}{2} = 95.5$$

$$s = \sqrt{\frac{9x9-4}{9+9-5}} = 2.4337$$

$$v = \frac{9-2}{2} = 3.5$$

Die Größe $\frac{1-\Lambda^{2.4337}}{\Lambda^{2.4337}}\ \frac{288.92}{9}$ ist mit 9/229 Freiheitsgraden approximativ F-verteilt, wenn H_0 zutrifft.

(2) Andere Tests prüfen die Signifikanz des größten kanonischen Korrelationsquadrats (*Roys* largest root criterion), von $U = \sum^{c} \hat{R}^2_c \;/\; (1-\hat{R}^2_c)$ (*Hotellings* trace criterion) oder der Summe aller kanonischen Korrelationsquadrate $\hat{V} = \sum^{c} \hat{R}^2_c$ (*Pillai-Bartlett*-Kriterium), wobei c über dem Summenzeichen fortan immer den kleineren Wert von p und n_h angibt. Letzteres Kriterium kann besonders leicht errechnet werden, wenn die unabhängigen Variablen x_j orthogonal sind, da dann gilt, daß $\sum^{c} \hat{R}^2_c = \sum_{j=1}^{k-1} \hat{R}^2_{xj \cdot y_1, y_2, \ldots, y_p}$, wobei $\hat{R}_{xj \cdot y_1, y_2, \ldots, y_p}$ die multiple Korrelation zwischen der Variable x_j und den abhängigen Variablen ist (vgl. *Kerlinger* und *Pedhazur* 1973). Es gibt fertige Tabellen, um die Signifikanz dieses Kriteriums zu bestimmen. Hat man derartige Tabellen nicht zur Hand, so läßt sich die Signifikanz über die F-Verteilung prüfen, da approximativ gilt (*Kres* 1975, *Olson* 1976):

$$F = \frac{(n_e - p + c)\,\hat{V}}{g\,(c-\hat{V}} \qquad FG = pn_h \;/\; c\,(n_e - p + c)$$

wobei $c = p$, wenn $p < n_h$, oder
$c = n_h$, wenn $n_h < p$;
$g = p$, wenn $p > n_h$, oder
$g = n_h$, wenn $p < n_h$.

Bei der univariaten Varianzanalyse gibt es Maße, die im Anschluß an einen Signifikanztest die praktische Signifikanz abschätzen. In Abschnitt V, 3.1 wurden $\hat{R}^2$ und $\hat{\omega}^2$ vorgestellt. Analoge Maße gibt es auch für die multivariate Varianzanalyse, die hier für den einfaktoriellen Fall dargestellt werden sollen.

(1) $1 - \Lambda$ ist ein Maß für die aufgeklärte generalisierte Stichprobenvarianz. Dieses Maß ist analog dem univariaten multiplen R^2 (*Huberty* 1972). Wie Λ über die Bestimmung der kanonischen Korrelationen errechnet werden kann, wurde schon berichtet. Ein anderer Weg ist der:

$$\Lambda = \frac{|W|}{|T|}$$

wobei $|W|$ die Determinante der Quadrat- und Produktsummen innerhalb der Bedingungen und $|T|$ die Determinante der totalen Quadrat- und Produktsummen ist.

Ein zu $\hat{\omega}^2$ analoges Maß ist $\hat{\omega}^2_{mult}$, das wie folgt definiert ist (vgl. *Huberty* 1972, *Sachdeva* 1973):

$$\hat{\omega}^2_{mult} = 1 - \frac{N}{(N-k)\,\Lambda^{-1} + 1}$$

$\hat{\omega}^2_{mult}$ und $1 - \Lambda$ weichen in ihrer Größe kaum voneinander ab.

(2) Wenn $|B|$ die Determinante der Quadrat- und Produktsummen zwischen den Bedingungen ist, gilt:

$$|B| \neq |T| - |W|$$

Das Maß $1 - \Lambda$ ist also nicht durch Berechnung von $\frac{|B|}{|T|}$ zu bestimmen. Diese fehlende Additivität ist ein Nachteil, der aufgehoben werden kann, wenn die praktische Signifikanz folgendermaßen geschätzt wird (vgl. *Shaffer* und *Gillo* 1974):

$$cr_M = \frac{Tr(BW^{-1})}{Tr(TW^{-1})} = 1 - \frac{Tr(WW^{-1})}{Tr(TW^{-1})}$$

Dabei ist $Tr\,(BW^{-1})$ die Spur des Produkts der Matrix B mit der Inversen von W, $Tr\,(WW^{-1})$ ist die Spur des Matrixprodukts WW^{-1}, und $Tr(TW^{-1})$ ist die Spur der Matrix TW^{-1}.

Das Maß cr_M weist eine einfache Beziehung zu dem Testkriterium U von *Hotelling* auf:

$$cr_M = \frac{U}{p+U}$$

Welches der vorgestellten Maße zur Berechnung des multivariaten Zusammenhangs herangezogen wird, sollte davon abhängen, welcher Signifikanztest durchgeführt wurde. Zu den beschriebenen Maßen gesellt sich noch der Redundanzindex von *Stewart* und *Love* (1968), der angibt, in welchem Ausmaß die Information in einer Menge von Variablen in der anderen Menge enthalten ist. Der Index $\frac{1}{p} \sum_{q=1}^{p} \sum_{i=1}^{c} \hat{r}^2_{z_q c_i}$ ist ein Maß dafür, wie gut die Varianz in den standardisierten abhängigen Variablen $z_1, z_2 \ldots$ aus den kanonischen Variablen $C_1, C_2 \ldots$ vorhergesagt werden kann; sind die Varianzen nicht gleich 1, wird dieser Ausdruck komplizierter (vgl. *Gleason* 1976). Nach *Gaensslen* und *Schubö* (1973) stellt dieser Ausdruck ein Äquivalent zum quadrierten multiplen Korrelationskoeffizienten dar, der ein Maß für die aufgeklärte Stichprobenvarianz einer AV ist. Will man die Beiträge einzelner kanonischer Variablen zur Varianzaufklärung miteinander vergleichen, so berechnet man für alle C_i

$$\frac{1}{p} \sum_{q=1}^{p} \hat{r}^2_{z_q c_i}.$$

Im Anschluß an den Nachweis eines signifikanten multivariaten Zusammenhangs zwischen einer Menge von unabhängigen und abhängigen Variablen interessiert häufig, wie groß der in einzelnen abhängigen Variablen erklärte Varianzanteil ist. Ein Maß hierfür ist $\sum_{i=1}^{c} \hat{r}^2_{z_q c_i}$, das die aufgeklärte Varianz der abhängigen Variable z_q angibt.

Welchen Signifikanztest sollte der Experimentator durchführen? Die Frage nach dem Testkriterium läßt sich für den Experimentator beantworten, wenn folgende Fragen geklärt werden:
(1) Welcher Test hat die größte Teststärke?
(2) Wie robust ist der Test bei Abweichungen von den Verteilungsannahmen?

Die erste Frage läßt sich nicht eindeutig zugunsten eines bestimmten Testkriteriums beantworten. Die Teststärke hängt u.a. von der Nichtzentralitätsstruktur in der Population ab. Wenn die Unterschiede zwischen den Mittelwertsvektoren hauptsächlich auf eine einzige AV zentriert sind, ist nach *Olson* (1976) der stärkste Test die Signifikanzprüfung der größten quadrierten kanonischen Korrelation (*Roys* largest root criterion); am Ende der Rangreihe steht unter dieser Bedingung das V-Kriterium. Diese Reihenfolge kehrt sich um, wenn die Nichtzentralitätsstruktur diffus ist und auf verschiedenen AVn Unterschiede bestehen: Das V-Kriterium liefert den stärksten Test, während *Roys* Test am schwächsten prüft. Unter dem Gesichtspunkt der Teststärke hängt die Wahl eines Testkriteriums also von der unbekannten Nichtzentralitätsstruktur ab. Da in der experimentellen Psychologie multivariate Regressions- oder Varianzanalysen vornehmlich dann eingesetzt werden dürften, wenn verschiedene AVn ein Konstrukt repräsentieren (intraexperimentelle konzeptuelle Replikation), bezieht sich die experimentelle Hypothese auf Unterschiede in allen AVn; unter diesem Gesichtspunkt ist dann dem V-Kriterium der Vorzug zu geben. Zu diesem Ergebnis gelangt man auch, wenn die Frage der Robustheit untersucht wird (*Olson* 1976). Abweichungen von der multivariaten Normalverteilung, die für jeden der genannten Tests vorauszusetzen ist (zur Prüfung dieser Annahme vgl. *Cox* und *Small* 1978), beeinflussen die α-Fehlerwahrscheinlichkeit von V am wenigsten, und bei einer diffusen Nichtzentralitätsstruktur bleibt V der stärkste Test. Eine weitere Annahme multivariater Tests ist die der Homogenität der Varianz-Kovarianz-Matrizen. Ist diese Annahme nicht erfüllt, so ist die α-Fehlerwahrscheinlichkeit bei allen Tests mit Ausnahme von V exzessiv hoch (*Olson* 1976). Diese Ergebnisse *Olsons* sind im wesentlichen durch *Stevens* (1979) bestätigt worden.

Das V-Kriterium ist nach den von *Olson* (1976) zusammengetragenen Befunden im allgemeinen der beste Test. Dieser Umstand ist für den experimentierenden Psychologen insofern als günstig zu bezeichnen, als $\hat{V}$ unter der Voraussetzung orthogonaler Prädiktorvariablen nichts anderes ist als die Summe der multiplen Korrelationsquadrate $\sum_{j=1}^{n_h} \hat{R}^2_{x_j \cdot y_1, y_2 \ldots y_p}$. Damit gestalten sich die Überlegungen zur Fixierung des benötigten Stichprobenumfangs nicht viel schwieriger als im univariaten Fall, wenn, am Beispiel erläutert, folgendermaßen vorgegangen wird: Dreistufige UV eines Experiments sei die Bildhaftigkeit der Lernmaterialien (abstrakte Wörter, konkrete Wörter, Bilder). Abhängige Variablen seien zwei Maße für räumlich paralleles Verarbeiten: das Wiedererkennen und Freies Reproduzieren (vgl. Abschnitt II).

Als multiples R^2 zwischen der UV und jeder AV wird jeweils 0.10 erwartet. Diese Annahme läßt sich, wenn die UV in zwei orthogonale Variablen kodiert wird, so ausdrücken:

$$R^2_{y_1 \cdot x_1,x_2} = r^2_{y_1x_1} + r^2_{y_1x_2} = 0.10 \text{ und } R^2_{y_2 \cdot x_1,x_2} = r^2_{y_2x_1} + r^2_{y_2x_2} = 0.10$$

Wegen der Korrelation zwischen y_1 und y_2, die mit 0.5 angenommen wird, ist $\sum_j R^2_{x_j \cdot y_1,y_2} \neq \sum_q \sum_j r^2_{x_jy_q}$.

Es gilt aber laut Gleichung (1) in Abschnitt V, 3.1:

$$R^2_{x_j \cdot y_1,y_2,\ldots,y_p} = r^2_{x_jy_1} + r^2_{x_j \cdot (y_2 \cdot y_1)} + \ldots r^2_{x_j(y_p \cdot y_{p-1,\ldots,}y_1)}$$

so daß für das Beispiel gilt:

$$R^2_{x_1 \cdot y_1,y_2} = r^2_{x_1y_1} + r^2_{x_1(y_2 \cdot y_1)}$$
$$R^2_{x_2 \cdot y_1,y_2} = r^2_{x_2y_1} + r^2_{x_2(y_2 \cdot y_1)}$$

Die Summe der beiden ersten Glieder auf den rechten Seiten dieser Gleichungen ist nichts anderes als $R^2_{y_1 \cdot x_1,x_2}$. Die Summe der zweiten Glieder ist $R^2_{(y_2 \cdot y_1) \cdot x_1,x_2}$.

Damit ist

$$V = \Sigma R^2_{x_j \cdot y_1,y_2} = R^2_{y_1 \cdot x_1,x_2} + R^2_{(y_2 \cdot y_1) \cdot x_1,x_2}$$

Diese Umwandlung hat den Vorteil, bei der Effektgrößenspezifizierung in Richtung von der UV hin zur AV denken zu können. Der Effekt wird als multiples R^2 zwischen y_1 und den Prädiktoren plus dem multiplen R^2 zwischen der vom Einfluß der Variablen y_1 bereinigten Variablen $y_2(y_2 \cdot y_1)$ und den Prädiktoren spezifiziert.

Kommen wir nunmehr auf das Beispiel zurück. Der Experimentator erwartet: $R^2_{y_1 \cdot x_1,x_2} = 0.10$, $R^2_{y_2 \cdot x_1,x_2} = 0.10$, $r_{y_1y_2} = 0.5$. Daraus läßt sich ableiten, daß ein multivariater Effekt der Größe $V = 0.1333$ entdeckt werden soll. Natürlich hätte sich dieser Effekt auch direkt ohne Annahme über die Größe von $r_{y_1y_2}$ derart spezifizieren lassen, daß der Experimentator

$R^2_{y_1 \cdot x_1,x_2} = 0.10$ und $R^2_{(y_2 \cdot y_1) \cdot x_1,x_2} = 0.0333$ erwartet. Der Effekt $V = 0.1333$ soll mit einer Wahrscheinlichkeit $1-\beta = 0.95$ bei $\alpha = 0.05$ aufgedeckt werden. Wie groß ist der benötigte Stichprobenumfang?

Im univariaten Fall galt, daß

$$N^* - k = n^*_e = \frac{L}{f^2_{uni}},$$

wobei L der Nonzentralitätsparameter und f^2_{uni} das univariate $f^2 = \frac{R^2}{1-R^2}$ ist.

Entsprechend gilt für den multivariaten Fall, daß

$$c(n^*_e - p + c) = \frac{L}{f^2_{mult}},$$

wobei $f^2_{mult} = \frac{\bar{V}}{1-\bar{V}}$ und $\bar{V} = V/c$ ist. c ist der maximale Wert, den V annehmen kann.

Somit ergibt sich

$$n^*_e = \frac{L(1-\hat{\bar{V}})}{c\bar{V}} + p - c = \frac{L(c-V)}{c\,V} + p - c$$

oder

$$(9)\quad N^* = \frac{L(c-V)}{c\,V} + p - c + n_h + 1$$

Für das Beispiel ist $c=2$, $p=2$, $n_h=2$, so daß

$$N^* = \frac{18.57\,(2-0.1333)}{2 \cdot 0.1333} + 2 - 2 + 2 + 1 = 133.02 \text{ (aufgerundet } 135 = 3x45).$$

Den Wert für $L = 18.57$ erhält man durch Ablesen in Tab. 9.4.2 bei *Cohen* (1977) unter $u=pn_h=4$ Freiheitsgraden.

Zu einem ähnlichen Ergebnis käme man bei der Benutzung der Tabellen *Läuters* (1978), der die benötigten Stichprobenumfänge für Hotellings T^2-Test errechnet hat. *Läuter* geht von der Annahme aus, daß auf nur einer AV ein Effekt der Größe $q^2 = kf^2_{uni}$ besteht, während die Mittelwertsunterschiede auf den weiteren AVn Null sind. Diese Annahme führt zur Errechnung maximaler Stichprobenumfänge für den Fall, daß die Nonzentralitätsstruktur diffus sein sollte.

Setzt man, den Annahmen *Läuters* folgend, $V = \frac{q^2}{k + q^2}$, so erhält man unter Verwendung von Gleichung (9)

$N^{**} = \frac{L(ck + cq^2 - q^2)}{cq^2} + p - c + k$. Da *Läuter* die Werte für N /k angibt, ist der nach Gleichung (9) zu errechnete Wert

$$(9')\quad N^{**}/k = L\left(\frac{1}{q^2} + \frac{1}{k} - \frac{1}{kc}\right) + \frac{p-c+k}{k}$$

mit dem Wert zu vergleichen, der bei *Läuter* (1978) abzulesen ist. Vergleicht man auf diese Weise die bei *Läuter* (1978) abzulesenden Werte mit denen, die sich auf die beschriebene Art und Weise über Gleichung (9') errechnen lassen, so ergeben sich insgesamt sehr gute Übereinstimmungen.[1] Zwei Beispiele mögen das Gesagte belegen:

(1) Es soll bei $\alpha = 0.05$ ein Effekt der Größe $V = 1/3$ mit der Wahrscheinlichkeit 0.95 entdeckt werden. Es seien $k=4$, $p=2$. Unter Verwendung der Gleichung (9) ergibt sich ($L=20.86$)

$$N^* = \frac{20.86\,(2-1/3)}{2 \cdot 1/3} + 4 = 56.15, \text{ aufgerundet } 60, \text{ und}$$

$$N^*/k = 15$$

Bei Anwendung der Gleichung (9') ergibt sich $N^{**}/k = 14$ für $q^2 = 2$, während bei *Läuter* 12 abzulesen ist.

---

[1] Soweit sich mit Hilfe der Tabellen *Cohens* (1977) die Werte *Läuters* (1978) reproduzieren lassen, ergibt sich zwischen N^{**}/k und den Läuterwerten (H) eine Produkt-Moment-Korrelation $r=0.99$, und die Regressionsgleichung lautet: $N^{**}/k = 0.98\,H + 0.26$. Diese Gleichung zeigt, daß aufgrund des Ausdrucks (9') keine systematischen Verschätzungen des Stichprobenumfangs auftreten. Für die mühevollen Berechnungen bin ich Frau Jeanne Chomé und Herrn Thomas Paul zu Dank verpflichtet.

(2) Es soll ein Effekt der Größe $V = 0.5$ mit der Wahrscheinlichkeit $1-\beta = 0.80$ aufgedeckt werden. $\alpha = 0.05, k = 2, p = 100$
Anwendung der Gleichung (9) ergibt:

$$N^* = \frac{40.56\ (1-0.5)}{0.5} + 100 - 1 + 2 = 142$$

$$N^*/k = 71$$

Anwendung der Gleichung (9') ergibt $N^{**}/k = 71$, während für $q^2 = 2$ bei *Läuter* 64 abzulesen ist.

Bevor nun in aller Kürze Strategien der Planung und Auswertung multivariater Experimente besprochen werden, seien noch einige Hinweise dafür gegeben, wann die multivariate Analyse multivariater Experimente und wann die mehrfache univariate Analyse multivariater Experimente günstiger ist.

Multivariate Regressions- bzw. Varianzanalysen sollten nur dann berechnet werden, wenn nicht der Effekt der UV auf einzelne AVn, sondern auf eine Menge von AVn interessiert. Soll für jede AV der Effekt statistisch analysiert werden, so sind univariate Regressions- bzw. Varianzanalysen indiziert, da multivariate Analysen andere Informationen geben. Dasselbe gilt, wenn die AVn nicht nur miteinander korrelieren, sondern ein gerichteter Zusammenhang zwischen ihnen besteht. Z.B. haben *Wippich* und *Bredenkamp* (1979) den Einfluß einiger Prädiktoren auf das Response-Lernen und die assoziative Verbindung beim Lernen von Paarassoziationen (PAL) untersucht. Da sie nach der Phasentheorie des PAL erwarteten, daß das Response-Lernen vor der assoziativen Verbindung abgeschlossen ist, führten sie getrennte multiple Regressionsanalysen für beide AVn durch. In die Analyse der assoziativen Verbindung ging als weiterer Prädiktor das Response-Lernen ein, da dieses in bezug auf die assoziative Verbindung eine unabhängige Variable ist.

Wir werden jetzt in aller Kürze einige multivariate Versuchspläne durchsprechen und auf Interpretationsmöglichkeiten der Ergebnisse zu sprechen kommen. Als Testkriterium wird V favorisiert. Um die Interpretationen zu erleichtern, wird so getan, als ob V über multiple Regressionsanalysen berechnet worden ist, obwohl diese Berechnung natürlich nicht notwendig ist. Eine alternative Behandlung, die auf *Wilks* Λ-Kriterium aufbaut, ist bei *Gaensslen* und *Schubö* (1973) und *Bredenkamp* (1975a) zu finden.

Einfaktorielle Experimente

Hat der Experimentator keine speziellen Hypothesen, so wird zunächst ein globales $\hat{V}$ berechnet. Eine Möglichkeit zur Berechnung besteht darin, die UV in n_h orthogonale Variablen zu kodieren und $\hat{V} = \sum_{j=1}^{n_h} \hat{R}^2_{x_j \cdot y_1, y_2, \ldots, y_p}$ zu berechnen. Die Statistik

$$\frac{\hat{V}(n_e - p + c)}{g(c - \hat{V})}$$

ist unter H_0 approximativ F-verteilt mit $pn_h/c(n_e-p+c)$ Freiheitsgraden (s.o.).
Ist der globale F-Wert signifikant, so kann geprüft werden, welche Mittelwertsvektoren sich unterscheiden. Hierfür gibt es wie bei der univariaten Varianzanalyse Verfahren, die den α-Fehler kontrollieren, jedoch eine geringe Teststärke aufweisen (vgl. *Stevens* 1973, *Bird* 1975). Ein Verfahren, das dem bei univariaten Methoden vorgeschlagenem analog ist, besteht darin, paarweise alle Gruppen zu vergleichen. Dies ist eines der vier Verfahren, die *Stevens* (1972) zur Interpretation eines signifikanten multivariaten

F-Wertes vorschlägt. Eine Möglichkeit zur Durchführung dieser Tests besteht in der Berechnung multipler R^2-Werte, die auf Signifikanz geprüft werden; andere Möglichkeiten sind die Prüfungen von Mahalanobis D^2 oder Hotellings T^2 (vgl. *Rulon* und *Brooks* 1968), die im Falle gleicher Stichprobenumfänge zu demselben F-Wert führen wie der Test der Hypothese $R^2 = 0$. Vermutlich weist diese Prozedur im Anschluß an einen globalen signifikanten F-Wert ähnlich gute Eigenschaften wie im univariaten Fall auf (vgl. dazu Abschnitt V, 3.1). Andere Möglichkeiten zur Interpretation des globalen F-Wertes bestehen darin, die Diskriminanzfunktionen zu berechnen und zu prüfen, wie die Gruppen getrennt werden (vgl. *Stevens* 1972, *Huberty* 1975, *Woodward* und *Overall* 1975), oder sog. step-down-Tests durchzuführen. Diese machen eine logische Rangfolge der AVn erforderlich. Formal sind sie einer Reihe von Kovarianzanalysen äquivalent. Die Wichtigkeit einer AV an q-ter Stelle wird dadurch ermittelt, daß ihr Beitrag als Prädiktor auf die verbliebenen AVn überprüft wird (vgl. *Stevens* 1972, 1973).

Ferner sei daran erinnert, daß für jede AV $\sum_{i=1}^{c} \hat{r}^2_{z_q c_i}$ berechnet werden kann, um zu ermitteln, wieviel Varianz in jeder AV aufgeklärt wird (s. o.).

Die Bestimmung des Stichprobenumfangs für den globalen Test wurde bereits vorgeführt.

Wenn von vornherein gezielt orthogonale Hypothesen getestet werden sollen, so lautet der F-Test für die Hypothese h

$$F_h = \frac{(N - n_h - 1 - p + c_h)\,\hat{V}_h}{g_h\,(c_h - \hat{V}_h)} \qquad FG = pn_h/c_h\ (N\text{-}n_h\text{–}1\text{–}p + c_h)$$

wobei $c_h = n_h$, wenn $n_h \leq p$

$c_h = p$, wenn $p < n_h$

$g_h = n_h$, wenn $n_h > p$

$g_h = p$, wenn $p \geq n_h$

$$\hat{V}_h = \sum_{j=1}^{n_h} \hat{R}^2_{x_j \cdot y'_1, y'_2, \ldots, y'_p}$$

y' = von den Effekten aller Einflußfaktoren außer dem geprüften Faktor bereinigte Variablen.

Der festzulegende Stichprobenumfang ergibt sich zu

$$(10)\quad N^* = \frac{L\,(c_h - V_h)}{c_h\,V_h} + p - c_h + n_h + 1$$

Im Rahmen der nun zu besprechenden multifaktoriellen Versuche werden wir anhand eines Beispiels zeigen, wie $\hat{V}_h$ für die Durchführung des Tests zu berechnen ist.

Multifaktorielle Versuche

Wir betrachten hier nur den in der experimentellen Psychologie häufigsten Fall, daß die Faktoren unkorreliert sind. In diesem Fall läßt sich weiterhin das globale $\hat{V}$ orthogonal zerlegen. Zu mehrfaktoriellen Versuchen mit korrelierten Faktoren vgl. *Woodward* und *Overall* (1975); zur multivariaten Kovarianzanalyse vgl. *Moosbrugger* (1978).

In einem zweifaktoriellen Versuchsplan habe der fixierte Faktor A a Modalitäten, und der fixierte Faktor B habe b Modalitäten. Sollen nicht bestimmte Hypothesen gezielt überprüft werden, so wird zunächst getestet, ob der globale $\hat{V}$-Wert signifikant ist.

Für $u = pn_h = p(ab-1)$ Freiheitsgrade sucht man in den Tabellen *Cohens* (1977) den L-Wert. Soll z. B. ein Effekt der Größe $V_{A,B,AB} = 0.20$ entdeckt werden bei $a=2$, $p=2$, $1-\beta=0.95$, $\alpha = 0.05$, so ist $L = 20.86$, und es gilt laut Gleichung (9):

$$N^* = \frac{20.86(2-0.20)}{2 \cdot 0.20} + 4 = 97.87$$

Der Experimentator benötigt also 4x25 Vpn. Der durchzuführende F-Test lautet ($n_e = N-ab = 96$):

$$F = \frac{96\,\hat{V}_{A,B,AB}}{3(2-\hat{V}_{A,B,AB})} \qquad FG = 6/192$$

Ist dieser F-Wert nicht signifikant, so ist damit die statistische Analyse beendet. Anderenfalls werden weitere Hypothesen geprüft.

Wie hier vorzugehen ist, sei anhand der Daten in Tab. 17 erläutert.

Tab. 17: Demonstrationsbeispiel für die Prüfung spezifischer Hypothesen in multivariaten Designs

	A_1		A_2			
	y_1	y_2	y_1	y_2		
	1	20	2	10		
B_1	3	40	4	30		
	$M_{y_1(A_1B_1)}=2$	$M_{y_2(A_1B_1)}=30$	$M_{y_1(A_2B_1)}=3$	$M_{y_2(A_2B_1)}=20$	$M_{y_1(B_1)}=2.5$	$M_{y_2(B_1)}=25$
	y_1	y_2	y_1	y_2		
	4	10	5	20		
B_2	2	30	7	40		
	$M_{y_1(A_1B_2)}=3$	$M_{y_2(A_1B_2)}=20$	$M_{y_1(A_2B_2)}=6$	$M_{y_2(A_2B_2)}=30$	$M_{y_1(B_2)}=4.5$	$M_{y_2(B_2)}=25$
	$M_{y_1(A_1)}=2.5$	$M_{y_2(A_1)} = 25$	$M_{y_1(A_2)}=4.5$	$M_{y_2(A_2)} = 25$	$M_{y_1} = 3.5$	$M_{y_2} = 25$

Der Einfachheit halber sei angenommen, daß je Zelle auf jeder der beiden AVn y_1 und y_2 zwei Meßwerte vorliegen. Um nun z. B. die Hypothese prüfen zu können, daß alle multivariaten Interaktionseffekte Null sind, bildet man zwei neue Variablen y'_1 (AB) und y'_2(AB), die vom Einfluß der Haupteffekte bereinigt worden sind:

$$y'_1\,(AB) = y_1 - (M_{y_1(A)} - M_{y_1}) - (M_{y_1(B)} - M_{y_1})$$

$$y'_2\,(AB) = y_2 - (M_{y_2(A)} - M_{y_2}) - (M_{y_2(B)} - M_{y_2})$$

Die für das Beispiel in Tab. 17 resultierenden Werte sind in Tab. 18 aufgeführt. Es gilt, daß

$$\hat{V}_{AB} = \sum^{(a-1)(b-1)} \hat{R}^2_{x_j \cdot y'_1(AB),\, y'_2(AB)},$$

wobei x_j die orthogonalen Variablen sind, die die Interaktion ausschöpfen. Für das Beispiel in Tab. 17 ergibt sich $\hat{V}_{AB} = 0.25$, und da die Interaktion nur einen Freiheitsgrad hat, ergibt sich für diesen Spezialfall exakt $\hat{V}_{AB} = 1 - \Lambda_{AB} = 0.25$. Der für die Daten der Tab. 17 durchzuführende F-Test lautet:

$$F_{AB} = \frac{(N - n_{AB} - 1 - p + c_{AB})\, \hat{V}_{AB}}{g_{AB}\,(c_{AB} - \hat{V}_{AB})} = \frac{(8-1-1-2+1) \cdot 0.25}{2(1-0.25)} = 0.8333 \qquad FG = 2/5$$

Derselbe F-Wert würde in diesem Fall bei der Anwendung des Λ-Kriteriums resultieren. Im Falle eines signifikanten F_{AB}-Wertes kann man Tab. 2 verwenden, um den Typ der Interaktion herauszufinden. Reicht diese Tabelle nicht aus, so sind die Interaktionen auf den einzelnen AVn zu inspizieren. Von einer ordinalen multivariaten Wechselwirkung wäre nur zu sprechen, wenn alle Interaktionen ordinal sind.

Wollte man auch die Haupteffekte prüfen, so müßten die Variablen

$$y'_{q(A)} = y_q - (M_{y_{q(B)}} - M_{y_q}) - (M_{y_{q(AB)}} - M_{y_{q(A)}} - M_{y_{q(B)}} + M_{y_q})$$

und

$$y'_{q(B)} = y_q - (M_{y_{q(A)}} - M_{y_q}) - (M_{y_{q(AB)}} - M_{y_{q(A)}} - M_{y_{q(B)}} + M_{y_q})$$

gebildet werden, da gilt

$$\hat{V}_A = \sum^{a-1} \hat{R}^2_{x_j} \cdot y'_1(A), y'_2(A)$$

$$\hat{V}_B = \sum^{b-1} \hat{R}^2_{x_j} \cdot y'_1(B), y'_2(B)$$

Die Variablen $y'_{q(B)}$ sind ebenfalls in Tab. 18 aufgeführt.

Es ist auch möglich, einer Strategie zu folgen, wie sie in Kapitel V, 3.2 beschrieben worden ist. Will der Experimentator z. B. im Anschluß an einen signifikanten globalen F die Signifikanz der einfachen A-Haupteffekte und des B-Haupteffekts prüfen, so bildet er die Variablen $y'_{q(B)}$ und

$$y'_{q(A(B))} = y'_q - (M_{y_{q(B)}} - M_{y_q}), \text{ da}$$

$$\hat{V}_{A(B)} = \sum^{b(a-1)} \hat{R}^2_{x_j} \cdot y'_{1(A(B))}, y'_{2(A(B))}$$

Im Falle der Signifikanz des Wertes $\hat{V}_{A(B)}$ kann geprüft werden, welche einfachen Haupteffekte $\hat{V}_{A(B_1)}$, $\hat{V}_{A(B_2)}$ signifikant sind. Zielt die Prüfung z. B. auf $A(B_1)$, so sind die Variablen

$$y'_{q(A(B_1))} = y'_q - (M_{y_{q(B)}} - M_{y_q}) - (M_{y_{q(A_j(B_2))}} - M_{y_{q(A(B_2))}})$$

zu bilden (vgl. Tab. 18)

Sollen von vornherein bestimmte Hypothesen geprüft werden, so sind je nach Hypothese die geschilderten Tests durchzuführen, und der Stichprobenumfang ist apriori nach Gleichung (10) zu bestimmen.

Tab. 18: Beispiele für y'-Variablen zur Prüfung spezieller Hypothesen. Erläuterungen im Text

Faktor-kombi-nation	y_1	y_2	$y'_{1(AB)}$	$y'_{2(AB)}$	$y'_{1(B)}$	$y'_{2(B)}$	$y'_{1(A(B))}$	$y'_{2(A(B))}$	$y'_{1(A(B_1))}$	$y'_{2(A(B_1))}$
A_1B_1	1	20	3	20	1.5	15	2	20	2	20
A_1B_1	3	40	5	40	3.5	35	4	40	4	40
A_2B_1	2	10	2	10	1.5	15	3	10	3	10
A_2B_1	4	30	4	30	3.5	35	5	30	5	30
A_1B_2	4	10	4	10	5.5	15	3	10	4.5	15
A_1B_2	2	30	2	30	3.5	35	1	30	2.5	35
A_2B_2	5	20	3	20	3.5	15	4	20	2.5	15
A_2B_2	7	40	5	40	5.5	35	6	40	4.5	35

4. Versuchspläne mit wiederholten Messungen

Der einfachste der hier zu besprechenden Versuchspläne ist ein (AxV)-Design. A ist die unabhängige Variable, und V symbolisiert die Vpn. Den Modalitäten der UV sind die Vpn entweder zufällig zugeordnet worden, oder die UV ist eine nicht manipulierte Variable wie die Anzahl der Lernversuche, die Zeit, bei Längsschnittstudien das Alter usw. Ein (AxBxV)-Design ist ein Versuchsplan mit zwei "abhängigen" Faktoren, d.h. jede Vp ist unter jeder Modalitätskombination beider Variablen beobachtet worden.

Dagegen soll die Schreibweise Ax(BxV) symbolisieren, daß nur B ein "abhängiger" Faktor ist, während A ein "nichtabhängiger" Faktor, also eine interindividuelle Variationsquelle ist. Ein AxBx(CxDxV)-Design ist also ein Versuchsplan, in dem die Faktoren A und B nicht wiederholt sind, während für die Vpn unter allen Modalitätenkombinationen von C und D beobachtet wurden. Bei dieser Schreibweise, die *Keppel* (1973) folgt, gilt, daß

(1) alle in Klammern stehenden Faktoren vollständig gekreuzt sind, d.h. es lassen sich alle Haupt- und Interaktionseffekte berechnen. Bei einem Ax(BxCxV)-Design sind dies die Effekte B,C,BC,V,BV,CV,BCV.

(2) Alle nicht in Klammern stehenden Faktoren sind ebenfalls vollständig gekreuzt. Ihre Haupteffekte und Interaktionen lassen sich ebenfalls berechnen. Die Quadratsumme zu lasten dieser Effekte ist in der Quadratsumme für V enthalten. Subtrahiert man hiervon die Summe aller Quadratsummen der nicht eingeklammerten Faktoren und Interaktionen, erhält man die Quadratsumme zwischen den Vpn *innerhalb* der Modalitätenkombinationen der nicht eingeklammerten Faktoren. In einem Ax(BxCxV)-Design ist diese Quadratsumme also V/A = V–A, wobei V/A die Quadratsumme zwischen den Vpn innerhalb der Modalitäten von A, V die Quadratsumme zwischen den Vpn und A die Quadratsumme für Faktor A ist.

(3) Alle Interaktionen zwischen den nicht-eingeklammerten und eingeklammerten Faktoren mit Ausnahme der Ausdrücke, die V beinhalten, lassen sich berechnen. Dies sind in dem Ax(BxCxV)-Design die Interaktionen AxB, AxC, AxBxC. Sie sind in den Interaktionen BxV, CxV und BxCxV enthalten. Subtrahiert man von BxV die Quadrat-

summe AxB, erhält man BxV/A. Ebenso ergibt sich CxV/A = CxV – AxC und BxCxV/A = BCV – ABC.

Damit hat man alle Quadratsummen, die für die Tests von Hypothesen benötigt werden, welche sich auf Haupt- und Interaktionseffekte beziehen. Falls jede Vp unter jeder Modalitätenkombination der wiederholten Faktoren mehr als einmal beobachtet wurde, ergibt sich noch eine intraindividuelle Restquadratsumme, gegen die alle Effekte, in denen V enthalten ist, geprüft werden können; anderenfalls sind diese Effekte nicht auf Signifikanz prüfbar.

Um die Bildung der adäquaten F-Brüche zu beschreiben, gehen wir davon aus, daß V ein Zufallfaktor ist; alle anderen Faktoren seien fixiert. Alle Effekte, die V enthalten, sind Zufallseffekte; alle anderen Effekte, die V nicht enthalten, sind fixiert. Für diesen häufigsten Fall gelten folgende Regeln:

(1) Die Effekte aller "nicht-wiederholten" Faktoren (der nicht-eingeklammerten Variablen) werden gegen die Varianz zwischen den Vpn innerhalb dieser Faktorenkombinationen getestet. In einem Ax(BxCxV)-Design wird also die Varianz zu lasten A gegen die Varianz zu lasten V/A geprüft. In einem AxBx(CxV)-Design werden die Varianzen zu lasten A,B und AxB gegen die Varianz zu lasten V/AB geprüft usw.

(2) Die Effekte aller "wiederholten" Faktoren (der eingeklammerten Variablen) werden gegen "ihre" Interaktion mit V (innerhalb der Modalitätenkombinationen der nicht wiederholten Variablen) geprüft. Im Ax(BxV)-Design wird also die Varianz zu lasten B gegen die Varianz zu lasten BxV/A geprüft. Im Ax(BxCxV)-Design wird Var(B) gegen Var (BxV/A), Var (C) gegen Var (CxV/A), Var (BxC) gegen Var (BxCxV/A) geprüft, wobei diese Ausdrücke Varianzen wiedergeben.

(3) Die Interaktionen der "nicht wiederholten" mit den "wiederholten" Faktoren werden gegen die Interaktionen getestet, die V und den jeweiligen wiederholten Faktor enthalten. In einem AxBx(CxDxV)-Design wird also Var(AxC) gegen Var(CxV/AB), Var(AxD) gegen Var (DxV/AB), Var(BxC) gegen Var(CxV/AB), Var(BxD) gegen Var (DxV/AB), Var (AxBxC) gegen Var (CxV/AB), Var(AxBxD) gegen Var(DxV/AB) und Var(AxCxD) sowie Var(AxBxCxD) gegen Var(CxDxV/AB) getestet.

Die hier genannten Regeln gelten auch für geplante Vergleiche. Ist in einem (AxV)-Design z. B. A ein quantitativ gestufter Faktor, so wird die Varianz zu lasten der linearen Regression Var(A_{lin}) gegen Var(A_{lin}xV) getestet; in einem AxBx(CxV)-Design wird Var(C_{lin}) gegen Var(C_{lin}xV/AB) getestet usw.

Für die regressionsanalytische Auswertung von Experimenten mit *einem* "wiederholten" Faktor gilt folgendes (zur regressionsanalytischen Auswertung von Experimenten mit mehr als einem "wiederholten" Faktor vgl. *Pedhazur* 1977):

(1) In einem (AxV)-Design kodiert man die Versuchspersonenvariable wie beim Parallelisieren durch die je Vp gebildete Summe aller ihrer Werte (=T_v). QS(total) $\hat{R}^2_{T_v y}$ ist dann gleich der Quadratsumme zu lasten V. In einem (AxV)-Design lautet der adäquate F-Test:

$$F = \frac{\hat{R}^2_{y \cdot A} / (a-1)}{(1-\hat{R}^2_{y \cdot T_v, A}) / (a-1)\,(N-1)} \qquad \text{(N = Anzahl der Vpn)}$$

(2) Gibt es neben dem "wiederholten" Faktor noch nicht-"wiederholte" Faktoren, kodiert man den Vpn-Faktor wie oben. Es ist jedoch folgendes zu beachten: In einem AxBx(CxV)-Design ist z. B. die quadrierte Korrelation zwischen den Vpn innerhalb AB und der abhängigen Variable y

$$\hat{R}^2_{yv/AB} = \hat{R}^2_{yT_v} - \hat{R}^2_{y \cdot A,B,AB}.$$

Die F-Tests zur Prüfung der Effekte A,B,AB lauten also:

$$F_A = \frac{\hat{R}^2_{y \cdot A} / (a-1)}{(\hat{R}^2_{yT_v} - \hat{R}^2_{y \cdot A,B,AB}) / ab(n-1)}$$ (n = Anzahl der Vpn in einer AB-Zelle)

$$F_B = \frac{\hat{R}^2_{y \cdot B} / (b-1)}{(\hat{R}^2_{yT_v} - \hat{R}^2_{y \cdot A,B,AB}) / ab(n-1)}$$

$$F_{AB} = \frac{\hat{R}^2_{y \cdot AB} / (a-1)(b-1)}{(\hat{R}^2_{yT_v} - \hat{R}^2_{y \cdot A,B,AB}) / ab(n-1)}$$

Die Tests für die Effekte C, AxC, BxC, AxBxC lauten im AxBx(CxV)-Design:

$$F = \frac{\hat{R}^2_{y \cdot \text{Hypothese}} / FG_{\text{Hypothese}}}{(1-\hat{R}^2_{y \cdot T_v,C,AC,BC,ABC}) / ab(c-1)(n-1)}$$

Bei der Spezifikation des Stichprobenumfangs ergeben sich keine Probleme, die nicht schon erörtert worden wären. Das Vorgehen soll am Beispiel des AxBx(CxV)-Designs erläutert werden. Es seien $a = 2$, $b = 2$, $c = 5$; $1-\beta$ sei jeweils 0.95, $\alpha = 0.05$.

Ohne gezielte Hypothesen werden zunächst zwei globale Tests durchgeführt:

$$F = \frac{\hat{R}^2_{y \cdot A,B,AB} / (ab-1)}{(\hat{R}^2_{yT_v} - \hat{R}^2_{y \cdot A,B,AB}) / ab(n-1)}$$

Dies ist ein globaler Test für die interindividuellen Effekte. Angenommen sei, daß der Experimentator ein $R^2_{y \cdot A,B,AB} = 0.20$ entdecken will. Wenn er weiter annimmt, daß $R^2_{yT_v} - R^2_{y \cdot A,B,AB} = 0.30$ ist, so ergibt sich ein zu entdeckendes $f^2_{A,B,AB} = 2/3$. Für $u = ab-1 = 3$ ist $L = 17.17$, und da

$$ab(n^*-1) = \frac{L}{f^2} = 25.755,$$

ergibt sich $N^* = abn^* = \frac{L}{f^2} + ab = 29.755$. Diese Zahl wird auf die nächste durch ab dividierbare Zahl 32 erhöht. 4x8 Vpn sind notwendig, um einen Effekt der spezifizierten Größe zu entdecken. Ist der globale F-Wert signifikant, so können die einzelnen Effekte A,B,AB überprüft werden. Die Teststärke läßt sich nachträglich bestimmen. Soll z.B. ein $R^2_{y \cdot A} = 0.10$ entdeckt werden, so ist für $n^* = 8$

$$L = f^2 ab(n-1) = \frac{0.10}{0.30} \cdot 4 \cdot 7 = 9.33,$$

und nach Tab. 9.3.2 bei *Cohen* (1977) ergibt sich für $u = a-1$ eine Teststärke von ca. 0.86.

Der zweite globale Test bezieht sich auf die intraindividuellen Effekte:

$$F = \frac{\hat{R}^2_{y \cdot C,AC,BC,ABC} / [(c-1) + (a-1)(c-1) + (b-1)(c-1) + (a-1)(b-1)(c-1)]}{(1-\hat{R}^2_{y \cdot T_v,C,AC,BC,ABC}) / ab(c-1)(n-1)}$$

Es soll ein $R^2_{y \cdot T_v,C,AC,BC,ABC} - R^2_{y \cdot T_v} = 0.10$ entdeckt werden. Im folgenden wird der Einfachheit halber davon ausgegangen, daß die Variablen C,AC,BC und ABC so kodiert werden, daß sie untereinander und auch mit T_V nicht korrelieren. Diese Bedingungen erfüllt die orthogonale Kodierung. Bei den Festlegungen des Stichprobenumfangs für den ersten globalen Test war $R^2_{yT_V}$ implizite auf 0.50 festgesetzt worden, so daß jetzt ein $f^2_{C,AC,BC,ABC} = 0.10/0.40 = 0.25$ entdeckt werden soll.

Für $u = (c-1) + (a-1)(c-1) + (b-1)(c-1) + (a-1)(b-1)(c-1) = 16$ ergibt sich ein $L = 28.45$; und da

$$ab(c-1)(n^* - 1) = \frac{L}{f^2} = 113.8,$$

ergibt sich für $n^* = 8.1$. Als gesamter benötigter Stichprobenumfang ergibt sich $abn^* = 36$. Wiederum kann im Falle der Signifikanz des globalen Tests ermittelt werden, mit welcher Teststärke einzelne Effekte geprüft werden, wenn $N^* = 36$.

Die beiden Schätzungen der Stichprobenumfänge weichen voneinander ab, so daß der Experimentator eine Entscheidung zu treffen hat, ob er mit 36 oder 32 Vpn experimentieren will.

Ähnliche Entscheidungen können anstehen, wenn von vornherein bestimmte Hypothesen überprüft werden sollen (vgl. Abschnitt V, 3.2). Z.B. soll bei $\alpha = 0{,}05$ ein $R^2_{y \cdot C} = 0.10$ und ein $R^2_{y \cdot A} = 0.05$ mit jeweils der Wahrscheinlichkeit 0.95 entdeckt werden. $R^2_{yT_V}$ wird als 0.5, $R^2_{y \cdot C,AC,BC,ABC}$ als 0.2 und $R^2_{y \cdot A,B,AB}$ als 0.10 erwartet, so daß $f^2_C = 0.10/(1-0.5-0.2) = 1/3$ und $f^2_A = 0.05/(0.50-0.10) = 0.125$.

Es ergibt sich:

$$n^* = \frac{L}{f^2_C\,(c-1)ab} + 1$$

Für $u = c-1 = 4$ ergibt sich ein L-Wert von 18.57, so daß $n^* = 4.48$. Diese Zahl wird auf 5 erhöht, so daß $5ab = 20$ Vpn benötigt werden. Weiterhin ergibt sich:

$$n^* = \frac{L}{f^2_A \cdot ab} + 1$$

Für $u = a-1 = 1$ ergibt sich ein L-Wert von 13.00, so daß $n^* = 27$. Es werden $4 \times 27 = 108$ Vpn benötigt.

Beide Stichprobenumfänge weichen stark voneinander ab, und es ergeben sich Probleme und Lösungsmöglichkeiten, die in Abschnitt V, 3.1 erörtert wurden. Zu beachten ist hier noch folgendes: Da $c = 5$, wird die AV für den Test des A-Effekts aus Mittelwerten gebildet, die auf jeweils 5 Meßwerten beruhen. Wird dies wie eine Testverlängerung um den Faktor 5 interpretiert, so läßt sich Formel (7) oder (8) anwenden, wenn die Reliabilität der AV ohne Testverlängerung (r_{yy}) angegeben werden kann. Diese sei 0.50, so daß

$$abn^{**} = abn^* - \frac{4}{5}\left(\frac{L}{f^2_A}\right)(1 - r_{yy}) = 66.4$$

Diese Zahl wird auf die nächst höhere durch 4 dividierbare Zahl (68) erhöht. Der Experimentator hat jetzt zu entscheiden, ob er mit 20 oder 68 Vpn experimentieren soll.

Wenn sich die Hypothesen in Designs mit *einem* "wiederholten" Faktor auf einfache Haupteffekte nicht "wiederholter" Faktoren bzw. auf einfache Interaktionen zwischen nicht-"wiederholten" Faktoren beziehen, so ist, am AxBx(CxV)-Design demonstriert, folgendes zu beachten:

Die Quadratsumme z. B. der einfachen einfachen Haupteffekte A(BC) setzt sich zusammen aus der Summe der Quadratsummen für A,AB,AC und ABC. Damit gehen in die Summe der einfachen einfachen A-Haupteffekte Größen ein, die unterschiedliche Prüfvarianzen haben. In einer varianzanalytischen Auswertung wird dies berücksichtigt, indem der F-Test

$$F = \frac{QS_{A(B_jC_r)} / (a-1)}{(QS_{V(AB)} + QS_{CV(AB)}) / [ab(n-1) + ab(c-1)(n-1)]}$$

$QS_{A}(B_jC_r)$ = Quadratsumme zwischen A innerhalb B_jC_r

$QS_{V}(AB)$ = Quadratsumme zwischen Vpn innerhalb AB

$QS_{CV(AB)}$ = Interaktionsquadratsumme für CV innerhalb AB

durchgeführt wird (vgl. *Winer* 1971).

Einen entsprechenden regressionsanalytischen Test führt man durch, wenn die Variable $A(B_jC_r)$ in a–1 orthogonale Variablen kodiert und die Summe der quadrierten Korrelationen zwischen diesen Variablen und der abhängigen Variablen Y gegen die adäquate Prüfvarianz getestet wird:

$$F = \frac{\hat{R}^2_{y \cdot A(B_jC_r)} / (a-1)}{(1-\hat{R}^2_{y \cdot A,B,C,AB,AC,BC,ABC}) / [ab(n-1) + ab(c-1)(n-1)]}$$

Genauso verfährt man, wenn einfache Interaktionen zwischen nicht-"wiederholten" Faktoren zu prüfen sind. In einem AxBx(CxV)-Design ergibt sich

$$F = \frac{\hat{R}^2_{y \cdot AB(C_r)} / (a-1)(b-1)}{(1-\hat{R}^2_{y \cdot A,B,C,AB,AC,BC,ABC}) / [ab(n-1) + ab(c-1)(n-1)]}$$

In Designs mit mehr als einem "wiederholten" Faktor ergeben sich auch für die einfachen Haupteffekte "wiederholter" Faktoren bzw. deren Interaktionen Prüfvarianzen, die sich aus mehreren Varianzen zusammensetzen. Auf diesen Fall gehen wir jedoch nicht ein (vgl. dazu *Winer* 1971).

Generelle Unterschiede zwischen Designs mit interindividuell und intraindividuell manipulierten Faktoren wurden in Abschnitt V, 2 behandelt. Die intraindividuell vorgenommene Manipulation kann, wenn auch die Möglichkeit zur interindividuellen Manipulation besteht, als Maßnahme zur Kontrolle der Fehlervarianz begriffen werden. Wie beim Parallelisieren oder der Kovarianzanalyse wird eine Erhöhung der Teststärke erzielt, oder es wird ein geringerer Stichprobenumfang zur Erreichung einer bestimmten Teststärke benötigt. Die Kontrolle durch Meßwiederholung kann mit anderen Kontrollverfahren kombiniert werden. Eine Möglichkeit ist, Kontrollfaktoren ohne Meßwiederholung in das Design einzubauen, so daß man z. B. einen Ax(BxV)-Plan erhält. Eine andere Möglichkeit besteht darin, die Meßwiederholung mit der Kovarianzanalyse zu kombinieren (z. B. *Ceurvorst* und *Stock* 1978). Zu kritisieren sind die Tests der "abhängigen" Faktoren und ihrer Interaktionen insofern, als die Prüfvarianz immer eine Interaktion mit den Vpn ist. Meistens kann diese nicht auf Signifikanz geprüft werden. Wenn generelle Hypothesen geprüft werden (vgl. Abschnitt III, 3.1), wäre der Nachweis einer für den experimentellen Faktor disordinalen Interaktion mit den Vpn eine notwendige Voraussetzung für die Falsifikation der Hypothese. Wenn immer möglich, sollte darum jede Vp wenigstens zweimal unter jeder Modalität des abhängigen Faktors beobachtet werden, so daß die Interaktion mit den Vpn auf Signifikanz prüfbar ist. Im Falle der Signifikanz müßte dann geprüft werden, welcher Interaktionstyp vorliegt. Diese Prüfung sollte auch dann vorgenommen werden, wenn sich die Interaktion nicht auf Signifikanz testen läßt (vgl. Abschnitt III, 3.1.1.2).

Die Effektgrößenangabe sollte in Versuchsplänen mit wiederholten Messungen für die abhängigen Faktoren immer unter Ausschaltung der interindividuellen Varianz erfolgen. *Gaebelein* und *Soderquist* (1978) haben die notwendigen Konstruktionsregeln für die Schätzung von ω^2 gegeben. Soll die erklärte Stichprobenvarianz angegeben werden, bezieht sich die Größenangabe für abhängige Effekte immer auf $1-\hat{R}^2_{yT_V}$. In einem AxBx(CxV)-Design ist also die Effektgröße zu lasten des Faktors C

$$\frac{\hat{R}^2_{y \cdot C}}{1-\hat{R}^2_{yT_V}},$$

der zu lasten von AxBxC $\dfrac{\hat{R}^2_{y \cdot ABC}}{1-\hat{R}^2_{yT_V}}$.

Diese Formeln geben an, wieviel intraindividuelle Varianz durch C bzw. ABC aufgeklärt wird.

Ebenso sollten die Größenangaben interindividueller Effekte immer unter Bezug auf $\hat{R}^2_{yT_V}$ erfolgen. $\hat{R}^2_{y \cdot A}/\hat{R}^2_{yT_V}$ gibt die durch A aufgeklärte interindividuelle Stichprobenvarianz an, während $\hat{R}^2_{y \cdot A}/(\hat{R}^2_{yT_V}-\hat{R}^2_{y \cdot B}-\hat{R}^2_{y \cdot AB})$ angibt, wieviel Varianz durch A unter Ausschaltung der anderen interindividuellen Variationsquellen aufgeklärt wird.

Die bisher geschilderten Tests zur Prüfung der Wirkung der abhängigen Faktoren und ihrer Interaktionen sind nur unter sehr restriktiven Annahmen gültig. Neben die üblichen Annahmen der Normalverteilung und Varianzenhomogenität, die sich hier auf die zufälligen Fehler und Interaktionseffekte mit V beziehen, deren Streuung die Prüfvarianz für die intraindividuellen Effekte konstituiert, tritt die weitere Voraussetzung, daß alle Korrelationen zwischen den Werten der AV unter jeweils zwei Modalitäten des wiederholten Faktors gleich groß sind. In einem (AxV)-Design mit $a=3$ müssen also die Korrelationen zwischen den y-Werten der drei Modalitätenpaare von A konstant sein. Die Homogenitätsforderungen werden häufig zur Annahme der Varianz-Kovarianz-Homogenität zusammengefaßt: Alle Varianzen innerhalb von A sind danach σ^2, alle Kovarianzen sind $r\sigma^2$, wobei r die Populationskorrelation ist. In einem Bx(AxV)-Design ist diese Annahme sogar noch restriktiver: Innerhalb jeder Modalität von B muß die Annahme der Varianz-Kovarianz-Homogenität gelten, und zusätzlich müssen alle b Varianz-Kovarianz-Matrizen gleich sein. Tests zur Prüfung dieser Annahmen beschreibt z.B. *Winer* (1971).

Am ehesten wird man diese Annahmen erfüllen können, wenn der wiederholte Faktor eine experimentell manipulierte Variable ist. In diesem Fall ist die Reihenfolge der Behandlungen für jede Vp zufällig, und es können auch nonparametrische Tests durchgeführt werden (vgl. *Bredenkamp* 1974). Oftmals sind die wiederholten Faktoren aber keine manipulierten Variablen (z.B. Anzahl der Lernversuche), und in diesem Fall ist es von vornherein unwahrscheinlich, daß die genannten Homogenitätsannahmen zutreffen.

Zwei verschiedene Lösungswege sind vorgeschlagen worden, wenn die Homogenitätsannahmen nicht zutreffen:

(1) Statt exakter Tests werden approximative Prüfungen durchgeführt, die die Anzahl der Freiheitsgrade der exakten Tests reduzieren. In einem (AxV)-Design hat der exakte Test $(a-1)/(a-1)(n-1)$ Freiheitsgrade. In einem approximativen Test beträgt die Anzahl der Freiheitsgrade nur noch $\varepsilon(a-1)/\varepsilon(a-1)(n-1)$, wobei $\varepsilon<1$ und eine Funktion der Heterogenität der Varianzen und Kovarianzen ist. Zur Definition von ε^2 und zwei ver-

schiedenen Schätzungen dieses Parameters vgl. *Huyngh* (1978), der auch weitere approximative Tests untersucht hat. Die untere Grenze von ε^2 ist 1/(a–1), so daß ein Test mit 1/n–1 Freiheitsgraden die konservativste Prüfung ist.

(2) Statt der oben behandelten univariaten F-Tests werden multivariate Tests durchgeführt. In einem Ax(BxV)-Design können z. B. die Werte der AV unter den Modalitäten des wiederholten Faktors B als b abhängige Variablen aufgefaßt werden. Es wird eine einfaktorielle multivariate Varianzanalyse durchgeführt, die den Effekt des Faktors A auf b simultan analysierte AVn prüft. Der Nachteil dieses Verfahrens besteht darin, daß bestimmte Effekte wie die AxB-Interaktion nicht geprüft werden. Im folgenden werden wir anhand ausgewählter Designs multivariate Verfahren besprechen, die alle Hypothesen zu prüfen gestatten, welche durch univariate Varianz- bzw. Regressionsanalysen getestet werden. Eine ausgezeichnete Darstellung des zu besprechenden Ansatzes geben *McCall* und *Appelbaum* (1973; vgl. auch *Poor* 1973).

(AxV)-Design

(1) Zuerst kodiere man die Variable A in a–1 orthogonale Variablen. Ist A ein quantitativ gleichabständig gestufter Faktor, so sind die orthogonalen Variablen die in Statistikbüchern publizierten Polynomialkoeffizienten. Anderenfalls müssen die Polynomialkoeffizienten neu berechnet werden (vgl. dazu *Bredenkamp* 1968). Ist A qualitativ gestuft, so ist die Wahl orthogonaler Koeffizienten beliebig. Im weiteren gehen wir von einem 4-stufigen, quantitativ gleichabständig gestuften Faktor aus.

(2) Für jede Vp errechne man je einen y_{lin}-, y_{qua}- und y_{kub}-Wert. Die Polynomialkoeffizienten sind {–3, –1, 1, 3}, {1, –1, –1, 1}, {–1, 3, –3, 1} (vgl. *Winer* 1971).

Wenn die AV für Vp 1 unter A_1, A_2, A_3, A_4 die Werte 1,3,4,5 angenommen hat, dann ist für Vp 1

$$y_{lin} = (-3)1 + (-1)3 + 1x4 + 3x5 = 13$$

$$y_{qua} = 1x1 + (-1)3 + (-1)4 + 1x5 = -1$$

$$y_{kub} = (-1)1 + 3x3 + (-3)4 + 1x5 = 1$$

(3) Die y_{lin}-, y_{qua}-, y_{kub}-Werte werden aufsummiert und gemittelt. Man erhält $\bar{y}_{lin}$, $\bar{y}_{qua}$, $\bar{y}_{kub}$.

(4) Es wird ein multivariater one-sample-T^2-Test durchgeführt, der die Hypothese prüft, daß die Mittelwerte $\bar{y}_{lin}$, $\bar{y}_{qua}$ und $\bar{y}_{kub}$ Null sind (vgl. dazu *Winer* 1971, *Davidson* 1972, *McCall* und *Appelbaum* 1973, *Poor* 1973). Wird diese Hypothese beibehalten, so ist zu schließen, daß kein Haupteffekt A vorliegt. Wird die Hypothese abgelehnt, so liegt ein Haupteffekt des Faktors A vor. In diesem Fall können univariate Tests durchgeführt werden, die prüfen, ob der Zusammenhang zwischen A und y linear, quadratisch oder kubisch ist. Diese Tests sind t-Tests mit n–1 Freiheitsgraden, z. B.

$$t_{lin} = \frac{\sum_{v=1}^{n} y_{lin}/n}{\sqrt{Var(y_{lin})}/\sqrt{n}}$$

$$\text{wobei } Var(y_{lin}) = \frac{\sum_{v} (y_{lin} - \bar{y}_{lin})^2}{n-1}$$

Wenn von vornherein Trendvergleiche geplant sind, kann man diese Tests ohne den multivariaten Test durchführen. Diesen t-Tests liegt nicht die Annahme homogener Varianz-Kovarianz-Matrizen zugrunde. Auch für den multivariaten Test gilt diese Annahme nicht. Vorausgesetzt werden muß eine multivariate Normalverteilung der y_{lin}-, y_{qua}- und y_{kub}-Werte.

Var (y_{lin}) gibt die Varianz der linearen Interaktionseffekte zwischen dem Faktor A und den Vpn wieder (vgl. Abschnitt III, 3.1.1.2). Nach allen bisherigen Ausführungen dürfte deutlich sein, daß ein signifikanter t_{lin}-Wert nur dann interpretiert werden sollte, wenn die lineare Interaktion für Faktor A Null oder ordinal ist. Entsprechendes gilt für die Interpretation des t_{qua}- und t_{kub}-Wertes.

AxBx(CxV)-Design

(1) Zunächst führt man die früher beschriebenen univariaten Tests zur Prüfung der Wirkung von A,B und AxB durch. Diese Tests machen nicht die Annahme homogener Varianz-Kovarianz-Matrizen notwendig, da sie sich auf interindividuelle Effekte beziehen. Notwendig ist nur die Annahme normal- und homogen variant verteilter Vp-Mittelwerte, wobei Verletzungen dieser Annahmen die Validität der F-Tests nicht sehr beeinträchtigen.

(2) Man kodiere den Faktor C in c–1 orthogonale Variablen und berechne über *alle* Vpn die Mittelwerte von y_{lin}, y_{qua} usw. Dann prüfe man mit dem multivariaten one-sample-T^2-Test, ob der Mittelwertsvektor Null ist. Dies ist ein Test des Haupteffekts von C. Ist der Mittelwertsvektor ungleich Null, kann gezielt überprüft werden, ob der Zusammenhang zwischen C und der AV linear, quadratisch... ist. Ein derartiger t-Test lautet:

$$t_{lin} = \frac{\sum_{v=1}^{abn} y_{lin} / abn}{\sqrt{\overline{Var}(y_{lin})} / \sqrt{abn}} \qquad FG = ab(n-1)$$

wobei $\overline{Var}$ (y_{lin}) die durchschnittliche Varianz der y_{lin}-Werte innerhalb AB ist.

Die Annahme homogener Varianz-Kovarianz-Matrizen ist für alle Tests unnötig. Vorausgesetzt werden müssen multivariate Normalverteilungen innerhalb von AB.

(3) Zur Prüfung der Hypothesen, daß die Interaktionen AxC, BxC und AxBxC Null sind, führe man eine zweifaktorielle multivariate Varianzanalyse (am besten mit dem Testkriterium V) mit den Faktoren A und B und den AVn y_{lin}, $y_{qua}y_{kub}$ usw. durch. Die Signifikanz von AxB bedeutet, daß ein ABC-Effekt besteht usw. Im Falle der Signifikanz eines dieser Effekte kann man spezielle Hypothesen prüfen. Ist z.B. die dreifache Interaktion ABC signifikant, kann mittels univariater Varianzanalysen geprüft werden, ob ABC_{lin} signifikant ist. Dies ist der Fall, wenn die univariate Varianzanalyse über die y_{lin}-Werte einen signifikanten F-Wert für die AB-Interaktion ausweist.

Die multivariaten Tests zur Prüfung der ABC-, AC- und BC-Interaktion setzen eine multivariate Normalverteilung mit homogenen Varianz-Kovarianz-Matrizen innerhalb AB voraus. Dies ist eine andere Annahme als die Homogenitätsannahme für die univariate Analyse der ABC-, AC-, BC- und C-Effekte, die konstante Korrelationen zwischen allen Paaren von C-Modalitäten innerhalb AB und Gleichheit der Varianz-Kovarianz-Matrizen zwischen den Modalitäten von A und B voraussetzt. Für die beschriebenen multivariaten Tests wird bei c=4 die Konstanz der Korrelationen zwischen y_{lin}, y_{qua} und y_{kub} für alle Modalitäten von A und B vorausgesetzt. Diese Annahme ist leichter zu erfüllen, da A und B interindividuelle Variationsquellen sind.

AxBx(CxDxV)-Design

(1) Man prüfe mit Hilfe univariater Methoden, ob A, B und AxB signifikant sind.

(2) Man kodiere C in c–1, D in d–1 und CD in (c–1) (d–1) orthogonale Variablen und bilde c–1 y_c-Variablen (z.B. $y_{c_{lin}}$, $y_{c_{qua}}$, ...) d–1 y_d-Variablen und (c–1) (d–1) y_{cd}-Variablen, wie es im AxB(CxV)-Design für die Variable y_c beschrieben wurde.

Die one-sample-T^2-Tests, daß die Mittelwertvektoren der y_c-, y_d- und y_{cd}-Werte Null sind, prüfen die Effekte C,D und CxD. Eine multivariate Varianzanalyse mit den Faktoren A und B über die y_c-Variablen prüft ABC, über die y_d-Variablen prüft ABD und über die y_{cd}-Werte prüft ABCD.

Für Versuchspläne mit abhängigen Faktoren wurden folgende Testverfahren zur Prüfung der Wirkung abhängiger Faktoren beschrieben oder nur kurz genannt:
(1) univariate Tests
(2) approximative univariate Tests
(3) multivariate Tests

Welche Analyse soll angewendet werden? Trifft die Annahme homogener Varianz-Kovarianz-Matrizen zu, sind die univariaten Tests die stärksten Verfahren zur Aufdeckung bestehender Unterschiede. Ist die Annahme jedoch falsch, so resultieren bei der Durchführung univariater Tests viel zu viele fälschliche Ablehnungen der Nullhypothese. Diesem Befund wird bei der ε-Korrektur Rechnung getragen, indem der kritische F-Wert durch die Reduktion der Freiheitsgrade heraufgesetzt wird. Um die Frage beantworten zu können, welches Verfahren angewendet werden sollte, müßte man also wissen, ob die Annahme homogener Varianzen und Kovarianzen zutrifft. Zur Beantwortung dieser Frage gibt es einen Test von *Box* (vgl. *Winer* 1971), der aber bei geringem n eine geringe Teststärke aufweist und so schwierig zu berechnen ist, daß von vornherein multivariate Verfahren berechnet werden können. Es ist anzunehmen, daß univariate Tests immer dann am besten anzuwenden sind, wenn der abhängige Faktor eine manipulierte Variable ist, während multivariate Verfahren vorzuziehen sind wenn der abhängige Faktor eine Zeitvariable wie Lerndurchgänge, Alter usw. ist. Man sollte diese Empfehlung aber von Fall zu Fall prüfen, indem man die Korrelationen zwischen den Spalten des abhängigen Faktors inspiziert. Deutet sich eine Heterogenität an, so sind multivariate Verfahren vorzuziehen (zur Frage der Strategie, welches Verfahren angewendet werden sollte, vgl. auch *Davidson* 1972, *Mendoza* et al 1974, *Romaniuk* et al 1977).

Anhang

Darstellung der Varianzanalyse als multiple Regressionsanalyse

Im folgenden soll die Äquivalenz zwischen einer Varianz- und einer multiplen Regressionsanalyse gezeigt werden. Die UV der Varianzanalyse sei in k–1 orthogonale Prädiktorvariablen kodiert worden. Der Wert auf der abhängigen Variablen y für das Individuum v unter der j–ten Bedingung läßt sich durch eine multiple Regressionsgleichung vorhersagen:

$$(1)\ Y'_{vj} = A + B_1X_{v1} + B_2X_{v2} + \ldots + B_{k-1}\,X_{v,k-1}$$

Dabei ist Y' der vorhergesagte Wert, X_{v1} ist der Wert der Person v auf der ersten Prädiktorvariablen usw., A ist eine additive Konstante, B_1, B_2 usw. sind die Regressionskoeffizienten, die im Falle orthogonaler Prädiktoren folgende Größen annehmen:

$$(2)\ B_i = \frac{S_y}{S_i}\ \hat{r}_{yi},$$

wobei S_y die Standardabweichung der AV, S_i die Standardabweichung des i–ten Prädiktors und $\hat{r}_{yi}$ oder kurz $\hat{r}_i$ die Produktmoment-Korrelation zwischen Y und X_i ist. Durch Einsetzen von (2) in (1) ergibt sich:

$$(3)\ Y'_{vj} = A + \frac{S_y}{S_1}\ \hat{r}_1\,X_{v1} + \frac{S_y}{S_2}\ \hat{r}_2\,X_{v2} + \ldots + \frac{S_y}{S_{k-1}}\ \hat{r}_{k-1}\,X_{v,\,k-1}$$

Nimmt man an, daß unter jeder Versuchsbedingung n Meßwerte erhoben wurden, und summiert man über alle k · n = N Probanden und dividiert durch N, so ergibt sich, da für alle $\sum_{j=1}^{k}\ \sum_{v=1}^{n} X_{vi} = 0$:

$$(4)\ \frac{\sum_{j=1}^{k}\ \sum_{v=1}^{n}\ Y'_{vj}}{kn} = M = A$$

M ist der Gesamtmittelwert. Durch Einsetzen in (3) und Umformung dieser Gleichung erhält man:

$$(5)\ \sum_{j=1}^{k}\ \sum_{v=1}^{n}\ (Y'_{vj} - M)^2 = \frac{S^2_y}{S^2_1}\,\hat{r}^2_1\ \sum_j \sum_v X^2_{v1} + \ldots + \frac{S^2_y}{S^2_{k-1}}\,\hat{r}^2_{k-1}\ \sum_j \sum_v X^2_{v,k-1}$$

Bei dieser Aufsummierung werden alle Kreuzprodukte $\sum_j \sum_v X_{vi}X_{vi'}$,

für orthogonale Prädiktoren mit dem Mittelwert 0 ebenfalls Null,

und $\sum_j \sum_v X^2_{vi} = NS^2_i$, so daß sich (6) ergibt, wenn in (5) durch NS^2_y dividiert wird:

(6) $\frac{S^2_{y'}}{S^2_y} = \hat{R}^2_{y \cdot x_1, x_2, \ldots, x_{k-1}} = \hat{r}^2_1 + \hat{r}^2_2 + \ldots + \hat{r}^2_{k-1}$

$S^2_{y'}$ ist die Varianz der vorhergesagten Werte. Da sich leicht zeigen läßt, daß $Y'_{vj} = M_j$, dem Mittelwert unter der j–ten Bedingung ist, gilt wegen $NS^2_{y'} = QS(zwischen)$ und $NS^2_y = QS(total)$

(7) $\hat{R}^2_{y \cdot x_1, x_2, x_3, \ldots, x_{k-1}} = \frac{QS(zwischen)}{QS(total)}$

Der varianzanalytische F-Test lautet

(8) $F = \frac{QS(zwischen) / (k-1)}{(QS(total) - QS(zwischen)) / (N-k)}$

Durch Einsetzen von QS (total) $\hat{R}^2_{y \cdot x_1, x_2, \ldots, x_{k-1}}$ für QS(zwischen) ergibt sich:

(9) $F = \frac{\hat{R}^2 / (k-1)}{(1-\hat{R}^2)\ (N-k)}$

Literaturverzeichnis

Abelson, R.P. & Miller, J.C.: Negative persuasion via personal insult. Journal of experimental social Psychology 1967, **3**, 321–333.

Alf, E.F. & Abrahams, N.M.: Comment on component-randomization-tests. Psychological Bulletin 1972, **77**, 223–224.

Alf, E.F. & Abrahams, N.M.: The use of extreme groups in assessing relationships. Psychometrika 1975, **40**, 563–572.

Appelbaum, M.I. & Cramer, E.M.: Some problems in the non-orthogonal analysis of variance. Psychological Bulletin 1974, **81**, 335–343.

Aronson, E. & Carlsmith, J.M.: Experimentation in social psychology. In: *Lindzey, G. & Aronson, E.(Ed):* The Handbook of Social Psychology, Bd. 2. Reading, Mass.: Addison-Wesley 1968.

Aronson, E. & Mills, J.: The effect of severity of initiation on liking for a group. Journal of abnormal and social Psychology 1959, **59**, 177–181.

Asch, S.E.: Effects of group pressure upon the modification and distortion of judgments. In: *Guetzkow, H.* (ed.): Groups, leadership and men. Pittsburgh, Pa: Carnegie Press 1951.

Baker, F.B. & Collier, R.O.: Some empirical results on variance ratios under permutation in the completely randomized design. Journal of the American Statistical Association 1966, **61**, 813–820.

Baker, F.B. & Collier, R.O.: An empirical study into factors affecting the F-Test under permutation for the randomized block design. Journal of the American Statistical Association 1968, **63**, 902–911.

Bandura, A.: Analysis of modeling behavior. In: *Bandura, A.* (Ed.): Psychological modeling: Conflicting theories. Chicago: Aldine 1971 (Deutsche Übersetzung: Lernen am Modell. Stuttgart: Klett 1976).

Bandura, A., Blanchard, E.B. & Ritter, B.: Relative efficacy of desensitization and modeling approaches for inducing behavioral, affective, and attidudinal changes. Journal of Personality and social Psychology 1969. **13**, 173–199.

Barber, T.X.: Pitfalls in human research. New York: Pergamon Press 1976.

Barber, T.X. & Silver, M.J.: Fact, Fiction and the Experimenter Bias Effect. Psychological Bulletin 1968, **70** (Monograph Supplement).

Baschek, I.L., Bredenkamp, J., Oehrle, B. & Wippich, W.: Bestimmung der Bildhaftigkeit (I), Konkretheit (C) und der Bedeutungshaltigkeit (m') von 800 Substantiven. Zeitschrift für experimentelle und angewandte Psychologie 1977, **24**, 353–396.

Bernhardson, C.S.: Comment on "Logic of analysis of variance in relation to predictions and evaluations of interaction means". Psychological Reports 1973, **32**, 1329–1330.

Binder, A.: Further considerations on testing the Null hypothesis and the strategy and tactics of investigating theoretical models. Psychological Review 1963, **70**, 107–115.

Bird, K.D.: Simultaneous contrast testing procedures for multivariate experiments. Multivariate Behavioral Research 1975, **10**, 343–351.

Blair, R.C. & Higgins, J.J.: Tests of hypotheses for unbalanced factorial designs under various regression/coding method combinations. Educational and Psychological Measurement 1978, **38**, 621–631.

Bock, R.D. & Haggard, E.A.: The use of multivariate analysis of variance in behavioral research. In: *Whitla, D.K.* (Ed.)

Borich, G.D. & Godbout, R.C.: Extreme groups designs and calculation of statistical power. Educational & Psychological Measurement 1974, **34**, 663–675.

Bracht, G.H.: Experimental factors related to aptitude-treatment interactions. Review of educational Research 1970, **40**, 627-645 (Deutsche Übersetzung in *Schwarzer, R. & Steinhagen, K.* (Ed.)).

Bracht, G.H. & Glass, G.V.: The external validity of experiments. American Educational Research Journal 1968, 5, 437–474 (Deutsche Übersetzung in *Schwarzer, R. & Steinhagen, K.* (Ed.)).
Bredenkamp, J.: F-Tests zur Prüfung von Trends und Trendunterschieden. Zeitschrift für experimentelle und angewandte Psychologie 1968, **15**, 239–272.
Bredenkamp, J.: Experiment und Feldexperiment. In: *Graumann, C. F.* (Ed.): Sozialpsychologie. Theorien und Methoden. (= *Gottschaldt, K.P.* et al.: Handbuch der Psychologie, Band 7, 1. Halbband. Göttingen: Hogrefe 1969).
Bredenkamp, J.: Über die Anwendung von Signifikanztests bei theorie-testenden Experimenten. Psychologische Beiträge 1969a, **11**, 275–285.
Bredenkamp, J.: Über Maße der praktischen Signifikanz. Zeitschrift für Psychologie 1970, **177**, 310–318.
Bredenkamp, J.: Zwei Anmerkungen zu *Münch & Schmid:* Konventionalismus und empirische Forschungspraxis. Zeitschrift für Sozialpsychologie 1971, **2**, 273–274.
Bredenkamp, J.: Der Signifikanztests in der psychologischen Forschung. Frankfurt am Main: Akademische Verlagsgesellschaft 1972.
Bredenkamp, J.: Nonparametrische Prüfung von Wechselwirkungen. Psychologische Beiträge 1974, **16**, 398–416.
Bredenkamp, J.: Die modifizierte Invarianzhypothese und die Hypothese einer konstanten Langzeit-Gedächtnisspanne. Psychologische Beiträge 1975, **17**, 483–496.
Bredenkamp, J.: Varianzanalytische und regressionsanalytische Verfahren in der Curriculumevaluation. In: *Frey, K.* (Ed.): Curriculum-Handbuch, Band 2. München: Piper 1975a.
Bredenkamp, J.: Das Problem der externen Validität pädagogisch-psychologischer Untersuchungen. In: *Brandtstädter, J., Reinert, G. & Schneewind, K.A.* (ed.): Pädagogische Psychologie: Probleme und Perspektiven. Stuttgart: Klett 1979.
Bredenkamp, J.: Untersuchungen zum Kontexteinfluß auf das Wahrnehmungsurteil. (im Druck 1979a).
Bredenkamp, J. & Hager, W.: Experimentelle Befunde zur modifizierten Invarianzhypothese und zur Hypothese einer konstanten Langzeitgedächtnisspanne. Psychologische Beiträge 1979 (im Druck).
Bredenkamp, J.: Untersuchungen zu einem Verfahren der nonparametrischen Wechselwirkungsprüfung (im Druck: 1980).
Bredenkamp, J. & Wippich, W.: Lern- und Gedächtnispsychologie. Stuttgart: Kohlhammer 1977.
Brocke, B.: Aspekte einer Methodologie der angewandten Sozial- und Verhaltenswissenschaften. Zeitschrift für Sozialpsychologie 1979, **10**, 2–29.
Burnett, T.D. & Barr, D.R.: A nonmetric analogy of analysis of covariance. Educational and Psychological Measurement 1977, **37**, 341–348.
Butullo, W.H.L.: Das systematische Experiment. In: *Pongratz, L.J.* (Ed.): Klinische Psychologie (= *Gottschaldt, K.* et al.: Handbuch der Psychologie, Band 8, 2. Halbband. Göttingen: Hogrefe 1978).

Campbell, D.T.: Prospective: Artifact and Control. In: *Rosenthal, R. & Rosnow, R.L.* (ed.) 1969.
Campbell, D.T. & Stanley, J.C.: Experimental und quasi-experimental designs for research on teaching. In: *Gage, N.L.* (ed.): Handbook of research on teaching. Chicago: Rand McNally 1963. (Deutsche Bearbeitung: *Schwarz, E.:* Experimentelle und quasi-experimentelle Anordnungen in der Unterrichtsforschung. In: *Ingenkamp, K. & Parey, E.* (ed.): Handbuch der Unterrichtsforschung, Teil 1. Weinheim: Beltz 1970).
Carlsmith, J.M., Ellsworth, P.C. & Aronson, E.: Methods of research in social psychology. Reading, Mass.: Addison-Wesley 1976.
Carlson, J.E. & Timm, N.H.: Analysis of nonorthogonal fixed-effects designs. Psychological Bulletin 1974, **81**, 563–570.
Carter, D.S.: Comparison of different shrinkage formulas in estimating population multiple correlation coefficients. Educational and Psychological Measurement 1979, **39**, 261–266.

Ceurvorst, R. W. & Stock, W. A.: Comments on the analysis of covariance with repeated measures designs. Multivariate Behavioral Research 1978, **13**, 509–513.
Chapin, S. F.: Experimental designs in sociological research. New York: Harper & Brothers Publishers 1947.
Clauß, G., Kulka, H., Lompscher, J., Rösler, H.-D., Timpe, K.-P. & Vorwerg, G. (ed.): Wörterbuch der Psychologie. Leipzig: VEB Bibliographisches Institut 1976.
Cohen, J.: Eta-squared and partial eta-squared in fixed factor ANOVA designs. Educational & Psychological Measurement 1973, **33**, 107–112.
Cohen, J.: Statistical power analysis for the behavioral sciences. New York: Academic Press 1977[2].
Cohen, J.: Partialed products are interactions; partialed powers are curve components. Psychological Bulletin 1978, **85**, 858–866.
Cohen, J. & Cohen, P.: Applied multiple regression/correlation analysis for the behavioral sciences. Hillsdale, N. J.: Lawrence Erlbaum, 1975.
Cook, T. C. & Campbell, D. T.: The design and conduct of quasi experiments and true experiments in field settings. In: *Dunnette, M. D.* (ed.): Handbook of industrial and organizational Psychology. Chicago: Rand McNally 1976.
Cooper, J.: Deception and role playing. On telling the good guys from the bad guys. American Psychologist 1976, **31**, 605–610.
Cox, D. R.: The use of a concomitant variable in selecting an experimental design. Biometrika 1957, **44**, 150–158.
Cox, D. R. & Small, N. J. H.: Testing multivariate normality. Biometrika 1978, **65**, 263–272.
Craig, J. R., Eison, C. L. & Metze, L. P.: Significance tests and their interpretation: An example utilizing published research and ω^2. Bulletin of the Psychonomic Society 1976, **7**, 280–282.

Davidson, M. L.: Univariate versus multivariate tests in repeated-measures experiments. Psychological Bulletin 1972, **77**, 446–452.
Dodd, D. H. & Schultz, R. F.: Computational procedures for estimating magnitude of effect for some analysis of variance designs. Psychological Bulletin 1973, **79**, 391–395.
Dwyer, J. H.: Analysis of variance and the magnitude of effects: A general approach. Psychological Bulletin 1974, **81**, 731–737.

Edgington, E. S.: Statistical inference: the distribution-free approach. New York: McGraw-Hill 1969.
Edgington, E. S. & Strain, A. R.: Randomization tests: Computer time requirements. Journal of Psychology 1973, **85**, 89–95.
Edwards, A. L.: Versuchsplanung in der psychologischen Forschung. Weinheim: Beltz 1971.
Elashoff, J. D. & Snow, R. E.: Pygmalion auf dem Prüfstand. München: Kösel 1972.
Engelhardt, W.: Die Bedeutung der statistischen Interaktion in der empirischen Psychologie. Göttingen: Dissertation 1977.
Erlebacher, A.: Design and analysis of experiments contrasting the within- and between-subjects manipulation of the independent variable. Psychological Bulletin 1977, **84**, 212–219.

Feild, H. S. & Armenakis, A. A.: On use of multiple tests of significance in psychological research. Psychological Reports 1974, **35**, 427–431.
Feldt, L. S.: A comparison of the precision of three experimental designs employing a concomitant variable. Psychometrika 1958, **23**, 335–353.
Festinger, L.: A theory of cognitive dissonance. Stanford, Cal.: Stanford University Press 1957.
Festinger, L. & Carlsmith, J. M.: Cognitive consequences of forced compliance. Journal of abnormal and social Psychology 1959, **58**, 203–210. (Deutsche Übersetzung in: *Irle, M.* (ed.): Texte aus der experimentellen Sozialpsychologie. Neuwied: Luchterhand 1969).
Fietkau, H. J.: Zur Methodologie des Experimentierens in der Psychologie. Meisenheim am Glan: Anton Hain 1973.
Fisher, R. A.: The design of experiments. Edinburgh: Oliver & Boyd 1949[5].
Fleiss, J. L.: Comment on Overall and Woodward's asserted paradox concerning the measurement of change. Psychological Bulletin 1976, **83**, 774–775.

Forward, J., Canter, R. & Kirsch, N.: Role-Enactment and deception methodologies: Alternative Paradigms? American Psychologist 1976, **31**, 595–604.
Frey, D.: Die Theorie der kognitiven Dissonanz. In: *Frey, D.* (ed.): Kognitive Theorien der Sozialpsychologie. Bern: Huber 1978.
Fricke, R.: Möglichkeiten zur zusammenfassenden Darstellung von unabhängigen Forschungsergebnissen zur Lehrer-Schüler-Interaktion. Zeitschrift für erziehungswissenschaftliche Forschung 1977, **11**, 208–215.
Friedman, N.: The social nature of psychological research: The psychological experiment as a social interaction. New York: Basic Books 1967.
Fromkin, H.L. & Streufert, S.: Laboratory Experimentation. In: *Dunnette, M.D.* (ed.): Handbook of industrial and organizational Psychology. Chicago: Rand McNally 1976.

Gadenne, V.: Die Gültigkeit psychologischer Untersuchungen. Stuttgart: Kohlhammer 1976.
Gadlin, H. & Ingle, G.: Through the one-way mirror. The limits of experimental self-reflection. American Psychologist 1975, **30**, 1003–1009.
Gaebelein, J. W. & Soderquist, D. R.: The utility of within-subjects variables: estimates of strength. Educational and Psychological Measurement 1978, **38**, 351–360.
Gaensslen, H. & Schubö, W.: Einfache und komplexe statistische Analyse. München: Reinhardt 1973.
Gaito, J.: Equal and unequal n and equal and unequal intervals in trend analyses. Educational and Psychological Measurement 1977, **37**, 283–289.
Games, P.A.: Multiple comparisons of means. American Educational Research Journal 1971, **8**, 531–565.
Gerard, H.B. & Mathewson, G.C.: The effects of severity of initiation on liking for a group: a replication. Journal of experimental social Psychology 1966, **2**, 278–287.
Glass, G.V., Peckham, P.D. & Sanders, J.R.: Consequences of failure to meet assumptions underlying the fixed effects analyses of variance and covariance. Review of Educational Research 1972, **42**, 237–288.
Gleason, T. C.: On redundancy in canonical analysis. Psychological Bulletin 1976, **83**, 1004–1006.
Gniech, G.: Störeffekte in psychologischen Experimenten. Stuttgart: Kohlhammer 1976.
Greenwald, A. G.: Consequences of prejudice against the null hypothesis. Psychological Bulletin 1975, **82**, 1–20.
Greenwald, A. G.: Within-subjects designs: To use or not to use? Psychological Bulletin 1976, **83**, 314–320.

Halderson, J.S. & Glasnapp, D.R.: Generalized rules for calculating the magnitude of an effect in factorial and repeated measures ANOVA designs. American Educational Research Journal 1972, **9**, 301–310.
Harnatt, J.: Der statistische Signifikanztest in kritischer Betrachtung. Psychologische Beiträge 1975, **17**, 595–612.
Hays, W.L.: Statistics for Psychologists. New York: Holt, Rinehart and Winston 1963.
Henning, H.J. & Muthig, K.: Grundlagen konstruktiver Versuchsplanung. München: Kösel 1979.
Herr, D.G. & Gaebelein, J.W.: Nonorthogonal two-way analysis of variance. Psychological Bulletin 1978, **85**, 207–216.
Huberty, C.J.: Discriminant Analysis. Review of educational Research 1975, **45**, 543–598.
Huberty, C.J.: Multivariate indices of strength of association. Multivariate Behavioral Research 1972, **7**, 523–526.
Huck, S.W. & Sandler, H.M.: A note on the Solomon 4-group design: Appropriate statistical analyses. Journal of Experimental Education 1973, **42**, 54–55.
Huck, S.W. & Sutton, C.O.: Some comments concerning the use of monotonic transformations to remove the interaction on two-factor ANOVA's. Educational & Psychological Measurement 1975, **35**, 789–791.
Hultsch, D.F. & Hickey, T.: External validity in the study of human development: Theoretical and methodological issues. Human Development 1978, **21**, 65–75.

Humphreys, L. G.: Statistical substitutes for experimental control. Psychological Reports 1974, **35**, 336–338.
Huynh, H.: Some approximate tests for repeated measurement designs. Psychometrika 1978, **43**, 161–175.

Irle, M.: Lehrbuch der Sozialpsychologie. Göttingen: Hogrefe 1975.

Jennings, E.: Fixed effects analysis of variance with unequal cell sizes. Journal of experimental Education 1978, **46**, 42–51.
Johnson, R. F. Q.: The experimenter attributes effect: A methodological analysis. The Psychological Record 1976, **26**, 67–78.

Kempthorne, O.: Design and Analysis of Experiments. New York: Wiley 1952. (Nachdruck: Huntington: Krieger 1973).
Keppel, G.: Design and Analysis: A Researcher's Handbook. Englewood Cliffs, N.J.: Prentice Hall 1973.
Keren, G. & Lewis, C.: Nonorthogonal designs: sample versus population. Psychological Bulletin 1976, **83**, 817–826.
Keren, G. & Lewis, C.: Partial Omega squared for ANOVA designs. Educational and Psychological Measurement 1979, **39**, 119–128.
Kerlinger, F. N.: Foundations of behavioral Research. New York: Holt, Rinehart & Winston 1964.
Kerlinger, F. N. & Pedhazur, E. J.: Multiple regression in behavioral research. New York: Holt, Rinehart & Winston 1973.
Keselman, H. J., Games, P. A. & Rogan, J. C.: Protecting the overall rate of Typ I errors for pairwise comparisons with an omnibus test statistic. Psychological Bulletin 1979, **86**, 884–888.
Kirk, R. E.: Experimental design. Belmont: Brooks Cole Publishing Company 1968.
Knapp, T. R.: Canonical correlation analysis: A general parametric significance testing system. Psychological Bulletin 1978, **85**, 410–416.
Koeck, R.: Grenzen von Falsifikation und Exhaustion – der Fall der Frustrations-Aggressions-Theorie. Psychologische Beiträge 1977, **19**, 391–419.
Krause, B. & Metzler, P.: Zur Anwendung der Inferenzstatistik in der psychologischen Forschung. Zeitschrift für Psychologie 1978, **186**, 244–267.
Kres, H.: Statistische Tafeln zur multivariaten Analysis. Berlin: Springer 1975.
Krüger, H. P.: Simultane U-Tests zur exakten Prüfung von Haupt- und Wechselwirkungen an 2^2-faktoriellen Versuchsplänen. Psychologische Beiträge 1977, **19**, 110–120.
Kruglanski, A. W.: The human subject in the psychology experiment: Fact and artifact. In: *Berkowitz, L.* (ed.): Advances in experimental social psychology, Band 8. New York: Academic Press 1975.
Kruglanski, A. W.: On the paradigmatic objections to experimental psychology. A Reply to Gadlin and Ingle. American Psychologist 1976, **31**, 655–663.

Läuter, J.: Sample size requirements for the T^2 test of MANOVA (Tables for one-way classification). Biometrical Journal 1978, **20**, 389–406.
La Piere, R. T.: Attitudes versus action. Social Forces 1934, **13**, 230–237.
Lana, R. E.: Pretest sensitization. In: *Rosenthal, R. & Rosnow, R. L.* (ed.) 1969.
Lane, D. M. & Dunlap, W. P.: Estimating effect size: Bias resulting from the significance criterion in editorial decisions. British Journal of mathematical and statistical Psychology 1978, **31**, 107–112.
Lehr, U.: Psychologie des Alterns. Heidelberg: Quelle & Meyer 1977[3].
Levin, J. R. & Marascuilo, L. A.: Type IV errors and interactions. Psychological Bulletin 1972, **78**, 368–374.
Levin, J. R. & Marascuilo, L. A.: Type IV errors and Games. Psychological Bulletin 1973, **80**, 308–309.
Lewin, K.: Gesetz und Experiment in der Psychologie. Symposion. Philosophische Zeitschrift für Forschung und Aussprache 1927, **1**, 375–421 (Nachdruck: Wissenschaftliche Buchgesellschaft, Darmstadt, 1967).

Lewis, C. & Keren, G.: You can't have your cake and eat it too: some considerations of the error term. Psychological Bulletin 1977, **84**, 1150–1154.
Lienert, G. A.: Verteilungsfreie Methoden in der Biostatistik. Band 1, 2 und 3. Meisenheim am Glan: Anton Hain 1973, 1975 und 1979.
Lindquist, E. F.: Design and Analysis of Experiments in Psychology and Education. Boston: Houghton Mifflin Company 1953.
Loftus, G. R.: On interpretation of interactions. Memory & Cognition 1978, **6**, 312–319.

Mahoney, M. J.: Experimental methods and outcome evaluation. Journal of consulting and clinical Psychology 1978, **46**, 660–672.
Marascuilo, L. A. & McSweeney, M.: Nonparametric post hoc comparisons for trend. Psychological Bulletin 1967, **67**, 401–412.
Maschewsky, W.: Das Experiement in der Psychologie. Frankfurt: Campus Verlag 1977.
Mayo, R. J.: Causality in the one-way analysis of variance design: Strictly a matter of confidence. Psychological Reports, 1977, **40**, 1163–1173.
Mc Call, R. B. & Appelbaum, M. I.: Bias in the analysis of repeated-measures designs: Some alternative approaches. Child Development 1973, **44**, 401–415.
Mc Guire, W. J.: The Yin and Yang of progress in social psychology: seven koan. Journal of Personality and social Psychology 1973, **26**, 446–456.
Mc Hugh, R. B.: Comment on "Scales and Statistics: Parametric and Non-Parametric". Psychological Bulletin 1963, **60**, 350–355.
Mendoza, J. L., Toothaker, L. E. & Nicewander, W. A.: A Monte Carlo Comparison of the univariate and multivariate methods for the groups by trials repeated measures design. Multivariate Behavioral Research 1974, **9**, 165–177.
Mertens, W.: Sozialpsychologie des Experiments. Hamburg: Hoffmann und Campe 1975.
Milgram, S.: Behavioral study of obedience. Journal of abnormal and social Psychology 1963, **67**, 371–378.
Milgram, S.: Obedience to authority: an experimental view. New York: Harper & Row 1973.
Minor, M. W.: Experimenter-expectancy effect as a function of evaluation apprehension. Journal of Personality and social Psychology 1970, **15**, 326–332.
Moosbrugger, H.: Multivariate statistische Analyseverfahren. Stuttgart: Kohlhammer 1978.

Neyman, J.: R. A. Fisher (1890–1962): An Appreciation. Science 1967, **156**, 1456–1460.
Nicewander, W. A. & Price, J. M.: Dependent variable reliability and the power of significance tests. Psychological Bulletin 1978, **85**, 405–409.

Olson, C. L.: On choosing a test statistic in multivariate analysis of variance. Psychological Bulletin 1976, **83**, 579–586.
Orne, M. T.: Demand characteristics and the concept of quasi-controls. In: *Rosenthal, R. & Rosnow, R. L.* (ed.) 1969.
Opp, K.-D. & Schmidt, P.: Einführung in die Mehrvariablenanalyse. Reinbek bei Hamburg: Rowohlt 1976.
Overall, J. E. & Spiegel, D. K.: Concerning least squares analysis of experimental data. Psychological Bulletin 1969, **72**, 311–322.
Overall, J. E. & Woodward, J. A.: Unreliability of difference scores: A paradox for measurement of change. Psychological Bulletin 1975, **82**, 85–86.
Overall, J. E. & Woodward, J. A.: Reassertion of the paradoxical power of tests of significance based on unreliable difference scores. Psychological Bulletin 1976, **83**, 776–777.
Overall, J. E. & Woodward, J. A.: Common misconceptions concerning the analysis of covariance. The Journal of Multivariate Behavioral Research 1977, **12**, 171–185.
Overall, J. E., Spiegel, D. K. & Cohen, J.: Equivalence of orthogonal and nonorthogonal analysis of variance. Psychological Bulletin 1975, **82**, 182–186.

Paivio, A.: Imagery and verbal processes. New York: Holt, Rinehart and Winston 1971.
Paivio, A. & Csapo, K.: Concrete-image and verbal memory codes. Journal of experimental Psychology 1969, **80**, 279–285.

Pedhazur, E.J.: Coding subjects in repeated measures designs. Psychological Bulletin 1977, **84**, 298–305.
Poor, D.D.: Analysis of variance for repeated measures designs: Two approaches. Psychological Bulletin 1973, **80**, 204–209.
Popper, K.R.: Logik der Forschung. Tübingen: Mohr 1966[2].

Riecken, H.W.: A program for research on experiments in social psychology. In: *Washburne, N.* (ed.): Decisions, values, and groups, Bd. 2. New York: Pergamon Press 1962.
Roethlisberger, F.J. & Dickson, W.J.: Management and the worker. Cambridge, Mass.: Harvard University Press 1939.
Romaniuk, J.G., Levin, J.R. & Hubert, L.J.: Hypothesis-testing procedures in repeated-measures designs: On the Road Map not taken. Child Development 1977, **48**, 1757–1760.
Rosenberg, M.J.: When dissonance fails: on eliminating evaluation apprehension from attitude measurement. Journal of Personality and social Psychology 1965, **1**, 28–42.
Rosenberg, M.J.: The conditions and consequences of evaluation apprehension. In: *Rosenthal, R. & Rosnow, R.L.* (ed.) 1969.
Rosenthal, R.: Interpersonal expectations: Effects of the experimenter's hypothesis. In: *Rosenthal, R. & Rosnow, R.L.* (ed.) 1969.
Rosenthal, R.: Combining results of independent studies. Psychological Bulletin 1978, **85**, 185–193.
Rosenthal, R. & Jacobson, L.: Pygmalion in the classroom. New York: Holt, Rinehart & Winston 1968 (Deutsche Übersetzung: Pygmalion im Unterricht. Weinheim: Beltz 1971).
Rosenthal, R. & Rosnow, R.L. (ed.): Artifact in behavioral research. New York: Academic Press 1969.
Rosenthal, R. & Rosnow, R.L.: The volunteer subject. In: *Rosenthal, R. & Rosnow, R.L.* (ed.) 1969.
Rotton, J. & Schönemann, P.H.: Power tables for analysis of variance. Educational and Psychological Measurement 1978, **38**, 213–229.
Rulon, P.J. & Brooks, W.D.: On statistical tests of group differences. In: *Whitla, D.K.* (ed.) 1968.

Sachdeva, D.: Estimating strength of relationship in multivariate analysis of variance. Educational and Psychological Measurement 1973, **33**, 627–631.
Schwarzer, R. & Steinhagen, K. (ed.): Adaptiver Unterricht. München: Kösel 1975.
Shaffer, J.P. & Gillo, M.W.: A multivariate extension of the correlation ratio. Educational and Psychological Measurement 1974, **34**, 521–524.
Silverstein, A.B.: Relations between analysis of variance and its nonparametric analogs. Psychological Reports 1974, **34**, 331–333.
Smart, R.: Subject selection bias in psychological research. Canadian Psychologist 1966, **7**, 115–121.
Solomon, R.L.: An extension of control group design. Psychological Bulletin 1949, **46**, 137–150.
Stanley, J.C.: Designing psychological experiments. In: *Wolman, B.B.* (ed.): Handbook of General Psychology. Englewood Cliffs, N.Y.: Prentice-Hall 1973.
Stegmüller, W.: Probleme und Resultate der Wissenschaftstheorie und analytischen Philosophie. Band 1. Berlin: Springer 1969.
Stevens, J.P.: Global measures of association in multivariate analysis of variance. Multivariate Behavioral Research 1972, **7**, 373–378.
Stevens, J.P.: Four methods of analyzing between variation for the k-group MANOVA problem. Multivariate Behavioral Research 1972, **7**, 499-522.
Stevens, J.P.: Step-down analysis and simultaneous confidence intervals in MANOVA. Multivariate Behavioral Research 1973, **8**, 391–402.
Stevens, J.P.: Comment on Olson: Choosing a test statistic in multivariate analysis of variance. Psychological Bulletin 1979, **86**, 355–360.
Stewart, D. & Love, W.: A general canonical correlation index. Psychological Bulletin 1968, **70**, 160–163.

Subkoviak, M. J. & Levin, J. R.: Fallibility of measurement and the power of a statistical test. Journal of Educational Measurement 1977, **14**, 47–52.
Suppes, P. & Zinnes, J. L.: Basic measurement theory. In: *Luce, R. D., Bush, R. R. & Galanter, E.:* Handbook of mathematical Psychology 1963, Band 1. New York: Wiley 1963.
Teghtsoonian, R.: Range effects in psychophysical scaling and a revision of Stevens' law. American Journal of Psychology 1973, **86**, 3–27.
Weber, S. J. & Cook, T. D.: Subject effects in laboratory research: An examination of subjects roles, demand characteristics, and valid inference. Psychological Bulletin 1972, 77, 273–295.
Weltner, K.: Informationstheorie und Erziehungswissenschaft. Quickborn: Schnelle 1970.
Westmeyer, H.: Kritik der psychologischen Unvernunft. Stuttgart: Kohlhammer 1973.
Whitla, D. K. (ed.): Handbook of Measurement and Assessment in behavioral Sciences. Reading, Mass.: Addison-Wesley 1968.
Winer, B. J.: Statistical Principles in experimental design. New York: McGraw Hill 1971².
Winterbottom, M. R.: The relation of need for achievement to learning experiences in independence and mastery. In: *Atkinson, J. W.* (ed.): Motives in fantasy, action, and society. Princeton, N. J.: van Nostrand 1958, S. 453–478.
Wippich, W. & Bredenkamp, J.: Bildhaftigkeit und Lernen. Darmstadt: Steinkopff 1979.
Woodward, J. A. & Overall, J. E.: Multivariate analysis of variance by multiple regression methods. Psychological Bulletin 1975, **82**, 21–32.
Zimny, G. H.: Method in experimental Psychology. New York: Ronald Press 1961.

Autorenverzeichnis

Stichwortverzeichnis

Made in the USA
Monee, IL
24 October 2026

66036575R10070